創客‧自造者 工作坊 WORKSHOP

AI 生醫感測 健康大應用

Science‧Technology‧Engineering‧Mathematics

##OO???%OO

OOOOOO
@#%&*OOOO

Contents

Chapter 01 P.4
解讀人體密碼
認識生理訊號

Chapter 02 P.6
用積木設計程式
Lab01 閃爍 LED 燈 P.11

Chapter 03 P.16
從實招來 – **測謊器**
Lab02 簡易膚電測謊器 P.18
Lab03 無線介面測謊器 P.24

Chapter 04 P.28
醉不上道 – **酒精濃度計**
Lab04 酒測計 P.29

Chap5ter 05 P.32
血液的秘密 - **血氧濃度計**
Lab05 血氧濃度計 P.34

Chapter 06 P.37
生醫 2.0 - AI **類神經網路**
Lab06 感知器 P.39

Chapter 07 P.45
從心認識自己 - **心電圖機**
Lab07 簡易心電圖機 P.47
Lab08 遞迴神經網路心率機 P.50

Chapter 08 P.54
AI 來把脈 - **脈搏計**
Lab09 遞歸神經網路脈搏機 P.55

Chapter 09 P.57
智慧血壓計
Lab10 即時血壓計 P.58

Chapter 10 P.63
冷暖 "**智**" 知 - **體溫計**
Lab11 深度學習即時體溫計 P.64

Chapter 11 P.68
深呼吸 - **呼吸計**
Lab12 智慧呼吸監測器 P.69

CHAPTER 01

認識生理訊號

解讀人體密碼

每個人都是自己身體的主人，身為主人的你怎麼能不瞭解自己！現代的人們健康意識抬頭，逐漸重視起飲食習慣及生活作息，那麼在提升生活品質的同時，你又如何得知自己的健康狀況呢？或許你已經猜到答案是健康檢查了，健康檢查時醫生有時候會在你的身上貼一些奇怪的貼片，並連接到機器上，此時醫生會從機器顯示的數值來判斷你的身體狀況，你是否曾經好奇機器上那些波動的曲線是什麼，本套件就來替你解開心中的疑惑，帶你解開人體的神祕密碼。

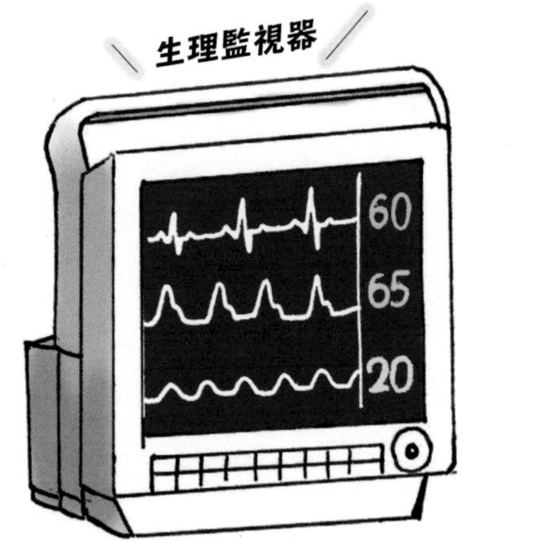
生理監視器
60
65
20

1-1 什麼是生理訊號

汽機車要保養時，可以把每個零件拆開來檢查，機器人要檢修時，也可以將外殼打開，然而人類可不行。因此為了得知我們的身體狀況，就得透過別的途徑，生理訊號就是我們檢測自己的依據，它通常是生物體內器官運作時所產生的生理現象。生理訊號有很多種的形式，例如：震動、壓力以及微小的電訊號，人類自古以來就知道如何運用生理訊號，古代中醫的把脈就是一種生理訊號的量測方法，以手指輕觸患者的動脈，並從脈象來推斷患者的病症，由於脈象的組成包括：心臟功能、血管機能及血液品質，因此中醫能藉由過去的經驗從中看出端睨。

現代的醫學講究的是精準及實質的數據，因此我們會利用機器將生理訊號呈現出來，醫生透過機器的輔助能更準確地進行病理判斷。為了取得生理訊號，必須使用一些感測器，這些感測器被稱為**生醫感測器**，由於人體的很多訊號都相當微弱，容易被環境所干擾，所以生醫感測器往往具備放大訊號及過濾訊號的能力，如此才能將特定的訊號提取出來。

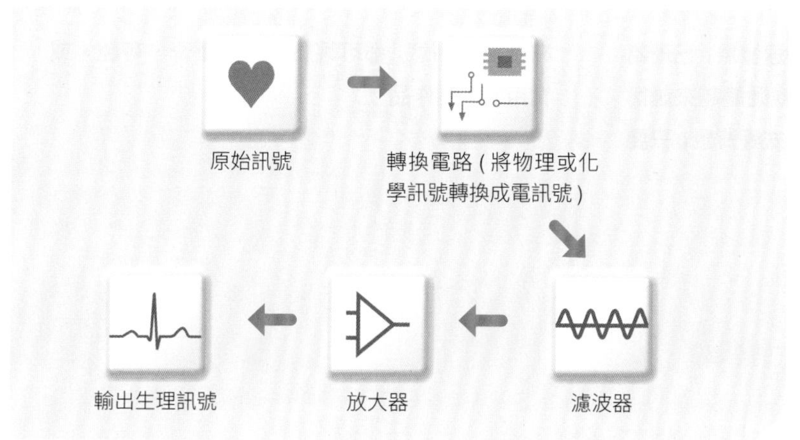
原始訊號
轉換電路 (將物理或化學訊號轉換成電訊號)
濾波器
放大器
輸出生理訊號

▲ 一般的生醫感測器設計流程圖

這些感測器所組成的系統，簡單的就是一些健康管理裝置，例如：健康手環、運動手錶，這些裝置可以量測到心跳等訊號，由於未經過法規認證，量測到的數值僅能供使用者自行參考，而專業級的器材，就是醫療儀器，例如：血壓計、耳溫槍，這些裝置量測到的數值可供醫生做診斷用途，兩者都是擷取生理訊號，差別在於有沒有經過檢驗。

1-2 生理訊號的種類

生理訊號有很多種，像是心電圖 (ECG) 就能取得心跳及心臟的狀況，肌電圖 (EMG) 能得知肌肉收縮的程度，腦電圖 (EEG) 可以記錄到大腦皮層所產生的微弱電流，這三者都是屬於生物電訊號，也就是人體神經在活動時所發出的生物電流，通常在取得這些訊號時，為了要讓電流順利導入感測器，都必須使用幫助導電的電極貼片。除了電訊號外，也有物理性的生理訊號，像是血壓 (BP)、呼吸訊號 (RSP)，當然也有化學訊號，例如荷爾蒙、神經傳導物質，不論是哪種訊號最終都要轉換成電訊號，才能輸入進電腦，進行量測。

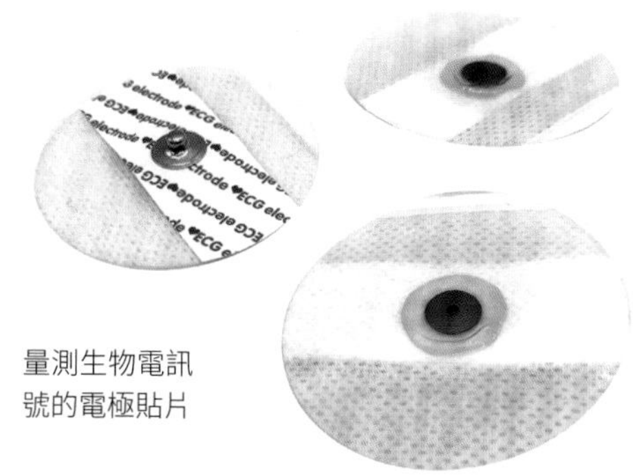

量測生物電訊號的電極貼片

1-3 當生理訊號遇上 AI

生理訊號是相當不穩定的訊號，加上又容易受到干擾，即便使用感測器輸入進電腦後，還得進行一些特殊的處理，這些處理過程往往需要許多複雜的技術和數學理論，若是使用當前最熱門的技術 - 人工智慧 (AI)，就能以簡單的方式有效解決這些問題。由於人工智慧能自行找出解決辦法，因此我們只要建構好 AI 後，再把訊號丟給它就能搞定了。本套件便是利用 AI 來處理生醫感測器的數值，讓您不僅能學到各種生理訊號的知識，更是能學會目前最引人注目的 AI 技術，前 5 章會帶你認識並學習基礎的生理訊號，從第 6 章開始我們就會加入 AI 的元素，讓人工智慧來替我們解決難題。

交給我吧！

CHAPTER 02

用積木設計程式

創客 / 自造者 /Maker 這幾年來快速發展，已蔚為一股創新的風潮。由於各種相關軟硬體越來越簡單易用，即使沒有電子、機械、程式等背景，只要有想法有創意，都可輕鬆自造出新奇、有趣、或實用的各種作品。

2-1 本套件的架構

本套件中，大多的實驗都是如同以下的架構：

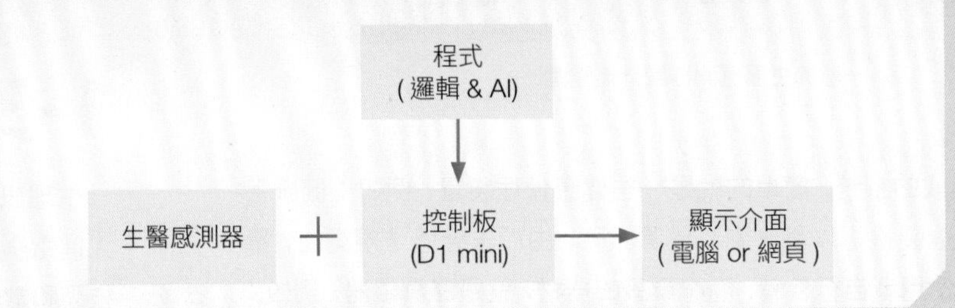
程式
(邏輯 & AI)
生醫感測器
控制板
(D1 mini)
顯示介面
(電腦 or 網頁)

前一章我們已經介紹過生醫感測器，這一章就讓我們來了解控制板並開始寫程式吧！

2-2 D1 mini 控制板簡介

D1 mini 是一片單晶片開發板，你可以將它想成是一部小電腦，可以執行透過程式描述的運作流程，並且可藉由兩側的輸出入腳位控制外部的電子元件，或是從外部電子元件獲取資訊。只要使用稍後會介紹的杜邦線，就可以將電子元件連接到輸出入腳位。

另外 D1 mini 還具備 Wi-Fi 連網的能力，可以將電子元件的資訊傳送出去，也可以透過網路從遠端控制 D1 mini。

RST
A0
D0
D5
D6
D7
D8
3V3
TX
RX
D1
D2
D3
D4
G
5V
RESET
D1 mini
WeMos.cc
fritzing

輸出入腳位旁邊都有標示編號

2-3 降低入門門檻的 Flag's Block

了解了控制板後，我們要讓它真正活起來，而它的靈魂就是運行在上面的程式，為了降低學習程式設計的入門門檻，旗標公司特別開發了一套圖像式的積木開發環境 - Flag's Block，有別於傳統文字寫作的程式設計模式，Flag's Block 使用積木組合的方式來設計邏輯流程，加上全中文的介面，能大幅降低一般人對程式設計的恐懼感。

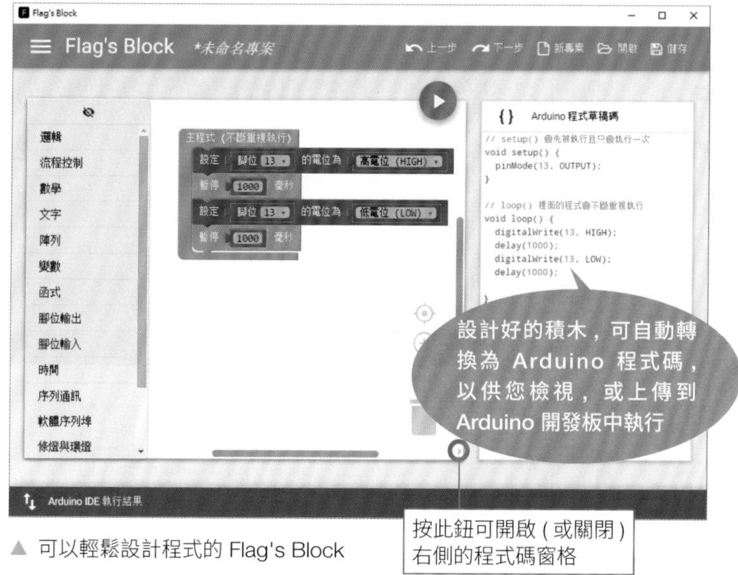
Flag's Block
*未命名專案
上一步
下一步
新專案
開啟
儲存
邏輯
流程控制
數學
文字
陣列
變數
函式
腳位輸出
腳位輸入
時間
序列通訊
軟體序列埠
條燈與環燈
Arduino 程式草稿碼
設計好的積木，可自動轉換為 Arduino 程式碼，以供您檢視，或上傳到 Arduino 開發板中執行
Arduino IDE 執行結果
按此鈕可開啟 (或關閉) 右側的程式碼窗格

▲ 可以輕鬆設計程式的 Flag's Block

2-4 使用 Flag's Block 開發程式

安裝與設定 Flag's Block

請使用瀏覽器連線 http：//www.flag.com.tw/download.asp?fm608a 下載 Flag's Block，下載後請雙按該檔案，如下進行安裝：

Windows 已保護您的電腦
其他資訊
不要執行
7-Zip self-extracting archive
Extract to:
C:\
Extract
Cancel
如果出現風險警告視窗，請按其他資訊，然後再按仍要執行鈕進行安裝
1 將資料夾修改為 "C:\"
2 按此鈕開始解壓縮安裝

安裝完畢後，請執行『**開始 / 電腦**』命令，切換到 "C：\FlagsBlock" 資料夾，依照下面步驟開啟 Flag's Block 然後安裝驅動程式：

« C ▸ FlagsBlock ▸
搜尋 FlagsBlock
組合管理
加入至媒體櫃
共用對象
燒錄
新增資料夾
我的最愛
下載
桌面
最近的位置
媒體櫃
文件
音樂
視訊
圖片
arduino
block
flag
nwjs
python
Start.exe
6 個項目
1 雙按 Start.exe 檔案

Windows 安全性警訊
Windows 防火牆已封鎖了這個應用程式的一些功能
Windows 防火牆已封鎖所有公用和私人網路上 flagsblock.exe 的部分功能。
名稱(N): flagsblock.exe
發行者(P): 不明
路徑(H): C:\flagsblock\python\flagsblock.exe
允許 flagsblock.exe 在這些網路上通訊:
私人網路，例如家用或工作場所網路(R)
公用網路，例如機場和咖啡廳網路 (這些網路的安全性通常比較低或沒有任何安全性，因此不建議使用)(U)
允許應用程式通過防火牆的風險為何?
允許存取(A)
取消

若出現 **Windows 安全性警訊** (防火牆) 的詢問交談窗，請選取**允許存取**

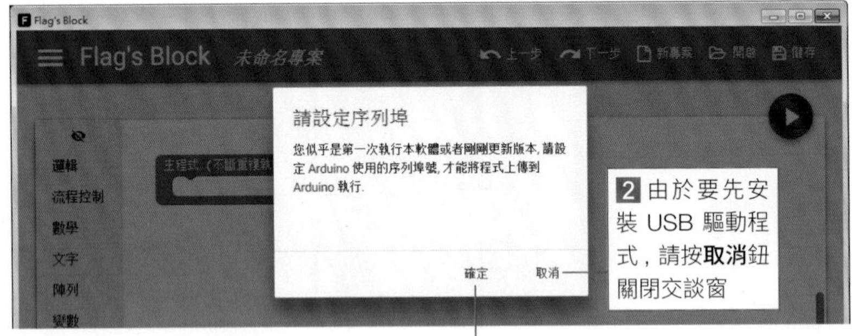
Flag's Block
請設定序列埠
您似乎是第一次執行本軟體或者剛剛更新新版本, 請設定 Arduino 使用的序列埠號, 才能將程式上傳到 Arduino 執行.
確定
取消
2 由於要先安裝 USB 驅動程式，請按**取消**鈕關閉交談窗

若您之前已安裝過驅動程式，可按**確定**鈕直接進行設定

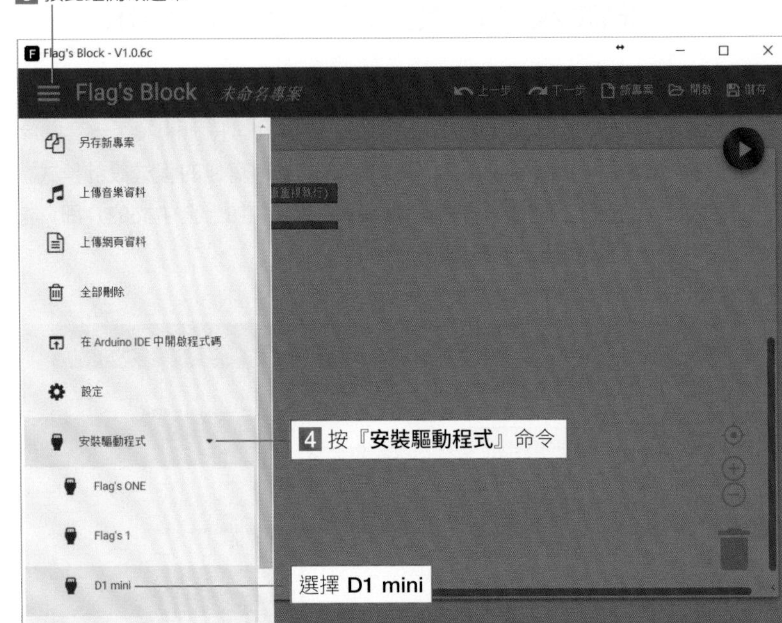
3 按此鈕開啟選單
Flag's Block - V1.0.6c
Flag's Block
另存新專案
上傳音樂資料
上傳網頁資料
全部刪除
在 Arduino IDE 中開啟程式碼
設定
安裝驅動程式
Flag's ONE
Flag's 1
D1 mini
版面配置
4 按『**安裝驅動程式**』命令
選擇 **D1 mini**

WinRAR self-extracting archive
使用者帳戶控制
您是否要允許此 App 變更您的裝置?
EXE For Driver Installation
已驗證的發行者: Jiangsu Qinheng Co., Ltd.
檔案來源: 此電腦上的硬碟
顯示更多詳細資料
是
否
Install
Cancel
5 請選**是**允許安裝

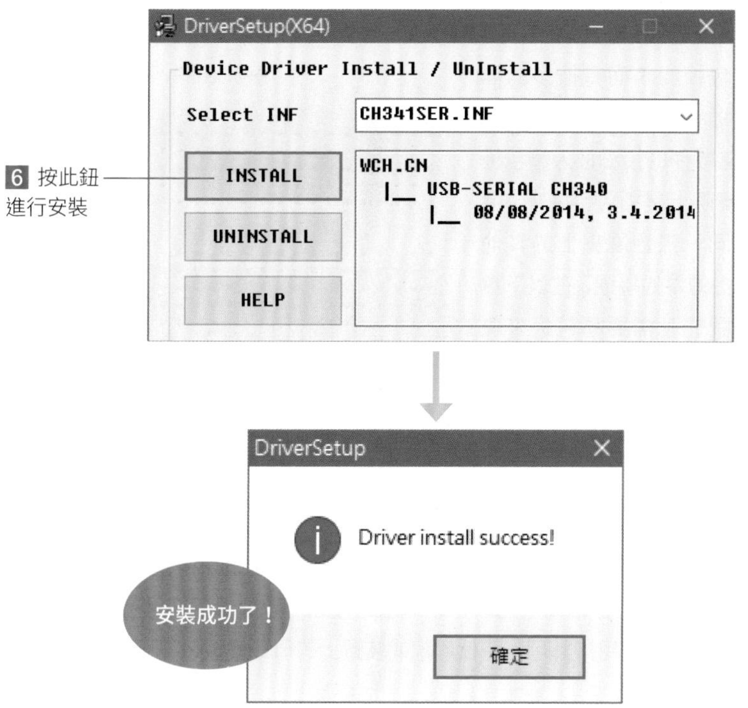
DriverSetup(X64)
Device Driver Install / UnInstall
Select INF
CH341SER.INF
INSTALL
UNINSTALL
HELP
WCH.CN
|__ USB-SERIAL CH340
|__ 08/08/2014, 3.4.2014
6 按此鈕進行安裝
DriverSetup
Driver install success!
確定
安裝成功了！

連接 D1 mini

由於在開發 D1 mini 程式之前，要將 D1 mini 開發板插上 USB 連接線，所以請先將 USB 連接線接上 D1 mini 的 USB 孔，USB 線另一端接上電腦：

接著在電腦左下角的開始圖示 ⊞ 上按右鈕執行『**裝置管理員**』命令 (Windows 10 系統)，或執行『**開始 / 控制台 / 系統及安全性 / 系統 / 裝置管理員**』命令 (Windows 7 系統)，來開啟裝置管理員，尋找 D1 mini 板使用的序列埠：

裝置管理員
檔案(F) 動作(A) 檢視(V) 說明(H)
DESKTOP-NU12KPO
IDE ATA/ATAPI 控制器
Intel WiUSB
Intel(R) Dynamic Platform and Thermal F
人性化介面裝置
列印佇列
存放控制器
安全性裝置
系統裝置
相機
音效、視訊及遊戲控制器
音訊輸入與輸出
處理器
軟體裝置
通用序列匯流排控制器
連接埠 (COM 和 LPT)
USB-SERIAL CH340 (COM7)
透過藍牙連結的標準序列 (COM5)
透過藍牙連結的標準序列 (COM6)
請注意，使用不同的電腦，或是連接到不同的 D1 mini 控制板，其序列埠編號都可能不同
1 展開連接埠項目
2 尋找並記下 D1 mini 控制板使用的序列埠編號 (顯示的名稱是 USB-SERIAL CH340, COM7 表示序列埠編號為 7)

找到 D1 mini 板使用的序列埠後，請如下設定 Flag's Block：

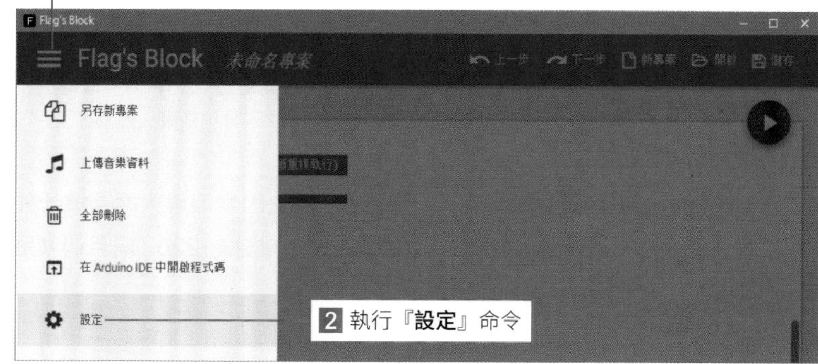
1 按此鈕開啟選單
Flag's Block
未命名專案
另存新專案
上傳音樂資料
全部刪除
在 Arduino IDE 中開啟程式碼
設定
2 執行『設定』命令

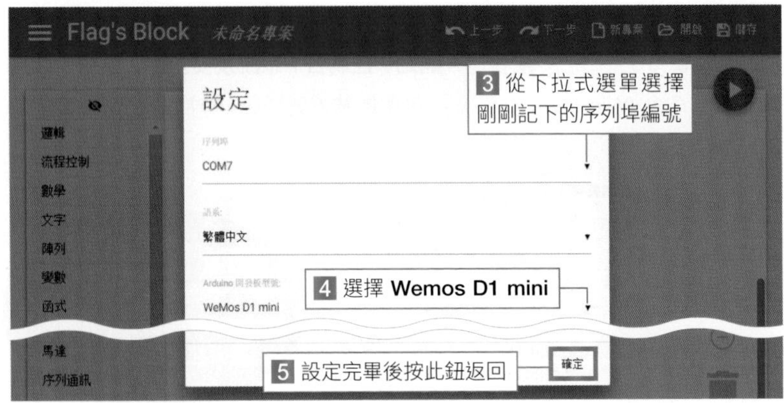
Flag's Block 未命名專案
上一步 下一步 新專案 開啟 儲存
設定
3 從下拉式選單選擇剛剛記下的序列埠編號
COM7
繁體中文
4 選擇 Wemos D1 mini
WeMos D1 mini
5 設定完畢後按此鈕返回
確定
邏輯
流程控制
數學
文字
陣列
變數
函式
馬達
序列通訊

目前已經完成安裝與設定工作，接下來我們就可以使用 Flag's Block 開發 D1 mini 程式了。

由於接下來的實驗要動手連接線路，所以在開始之前先讓我們學習一些簡單的電學及佈線知識，以便能順利地進行實驗。

LED

LED，又稱為發光二極體，具有一長一短兩隻接腳，若要讓 LED 發光，則需對長腳接上高電位，短腳接低電位，像是水往低處流一樣產生高低電位差讓電流流過 LED 即可發光。LED 只能往一個方向導通，若接反就不會發光。

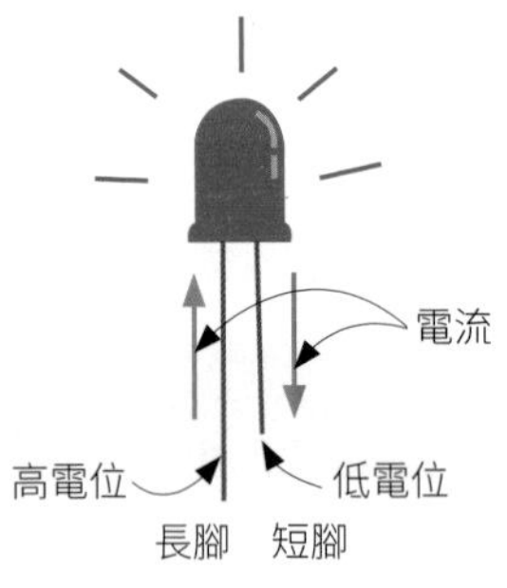
電流
高電位
低電位
長腳
短腳

電阻

我們通常會用電阻來限制電路中的電流，以避免因電流過大而燒壞元件 (每種元件的電流負荷量不盡相同)。本章節所使用電阻為 220 Ω，目的就是限制流過 LED 的電流，以免電流過大而燒壞 LED。

麵包板

麵包板的表面有很多的插孔。插孔下方有相連的金屬夾，當零件的接腳插入麵包板時，實際上是插入金屬夾，進而和同一條金屬夾上的其他插孔上的零件接通，在以下實驗中我們就需要麵包板來連接 LED 與電阻。

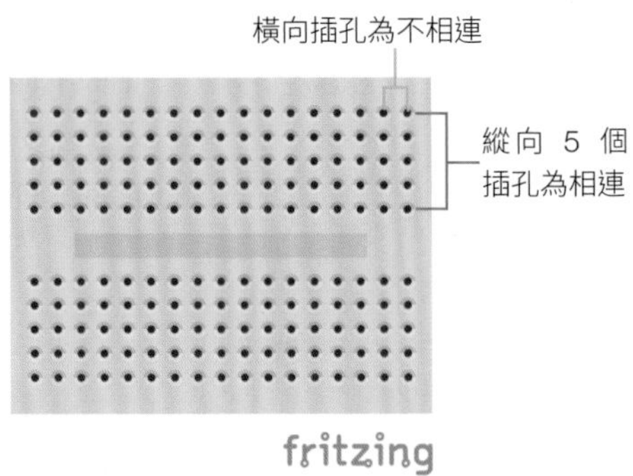
橫向插孔為不相連
縱向 5 個插孔為相連
fritzing

⚠ 麵包板的顏色請以實際出貨為主，本書皆以白色代表。

杜邦線與排針

杜邦線是二端已經做好接頭的單心線，可以很方便的用來連接 D1 mini、麵包板、及其他各種電子元件。杜邦線的接頭可以是公頭 (針腳) 或是母頭 (插孔)，如果使用排針可以將杜邦線或裝置上的母頭變成公頭：

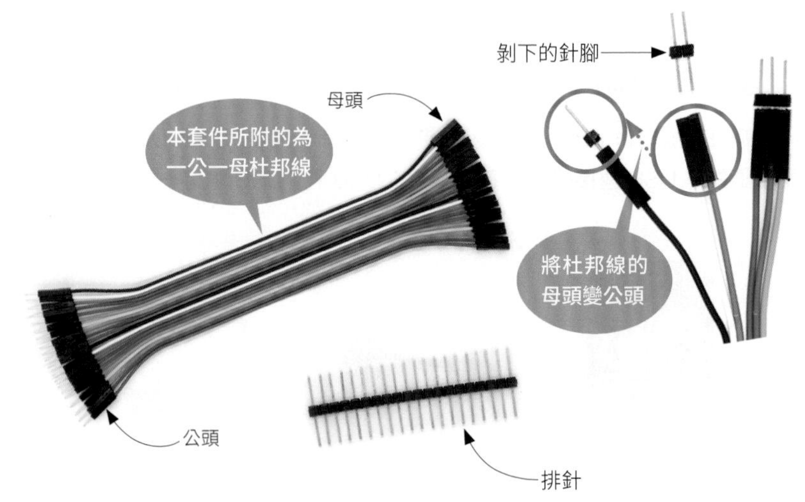
剝下的針腳
母頭
本套件所附的為一公一母杜邦線
將杜邦線的母頭變公頭
公頭
排針

Lab01

閃爍 LED 燈

實驗目的	學習外接 LED 燈搭配 220 Ω 電阻的佈線技巧，並在程式中利用延遲及改變輸出狀態的積木，讓 LED 達到閃爍效果。
材料	• D1 mini • 麵包板 • LED 燈 • 220 Ω 電阻 • 杜邦線及排針若干

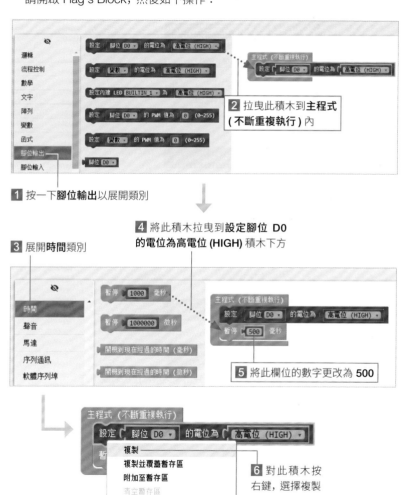

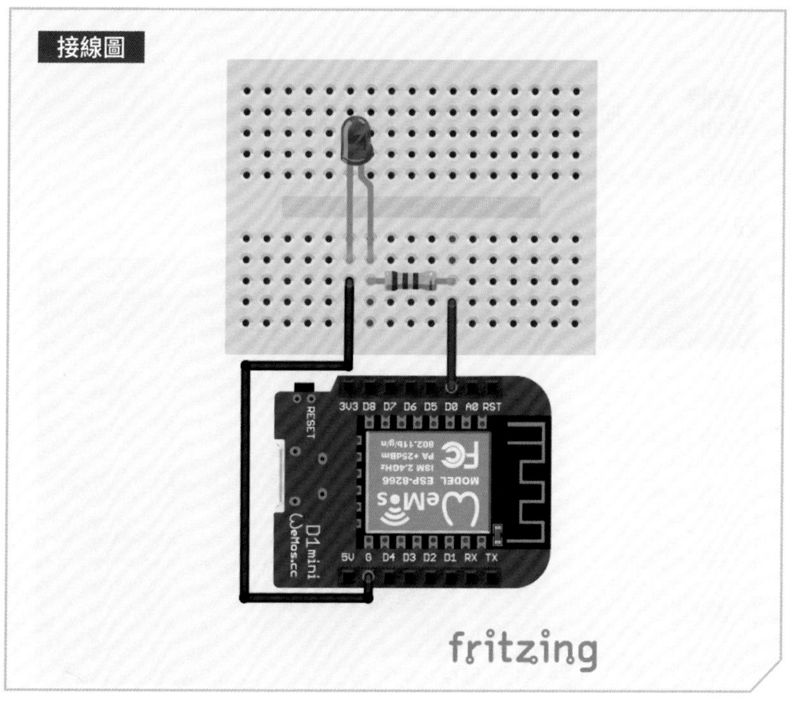
接線圖
3V3 D8 D7 D6 D5 D0 A0 RST
RESET
5V G D4 D3 D2 D1 RX TX
D1 mini
fritzing

設計程式

請開啟 Flag's Block，然後如下操作：

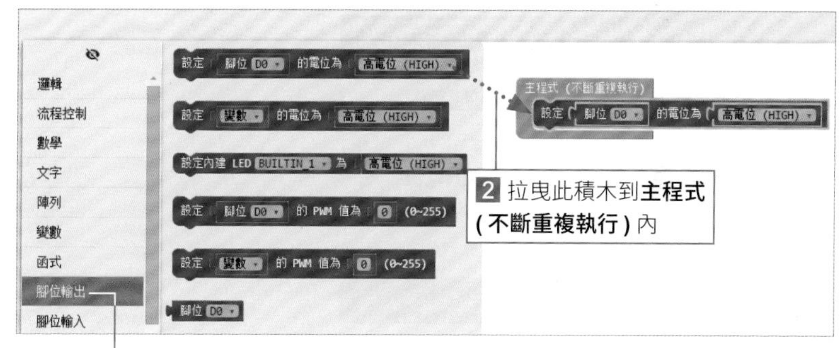
邏輯
流程控制
數學
文字
陣列
變數
函式
腳位輸出
腳位輸入
設定 腳位 D0 的電位為 高電位 (HIGH)
設定 變數 的電位為 高電位 (HIGH)
設定內建 LED BUILTIN_1 為 高電位 (HIGH)
設定 腳位 D0 的 PWM 值為 0 (0~255)
設定 變數 的 PWM 值為 0 (0~255)
腳位 D0
主程式 (不斷重複執行)
2 拉曳此積木到主程式 (不斷重複執行) 內

1 按一下**腳位輸出**以展開類別

3 展開**時間**類別

4 將此積木拉曳到**設定腳位 D0 的電位為高電位 (HIGH)** 積木下方

時間
聲音
馬達
序列通訊
軟體序列埠
暫停 1000 毫秒
暫停 1000000 微秒
開機到現在經過的時間 (毫秒)
開機到現在經過的時間 (微秒)
主程式 (不斷重複執行)
設定 腳位 D0 的電位為 高電位 (HIGH)
暫停 500 毫秒

5 將此欄位的數字更改為 **500**

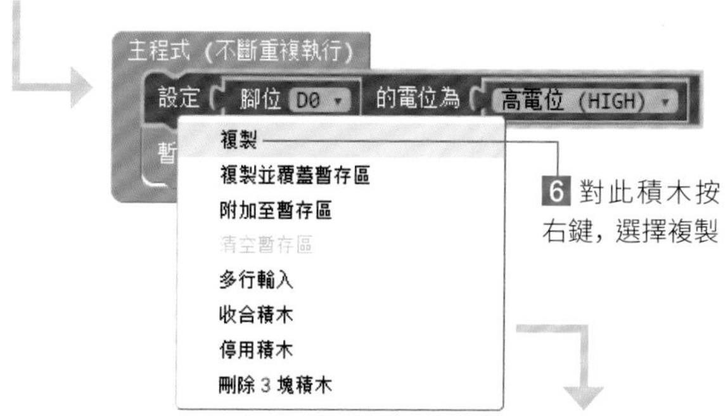
主程式 (不斷重複執行)
設定 腳位 D0 的電位為 高電位 (HIGH)
複製
複製並覆蓋暫存區
附加至暫存區
清空暫存區
多行輸入
收合積木
停用積木
刪除 3 塊積木
6 對此積木按右鍵，選擇複製

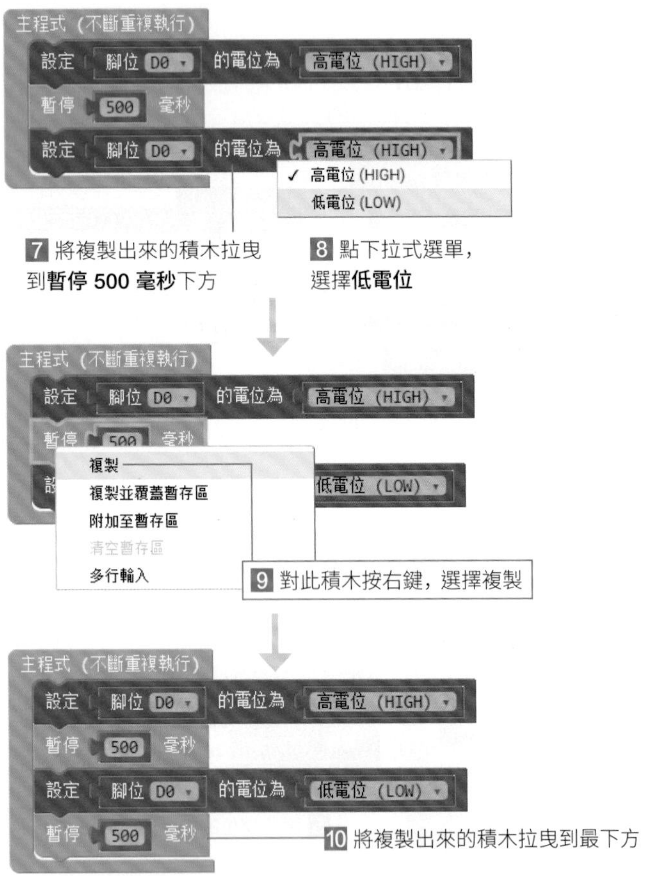
主程式（不斷重複執行）
設定 腳位 D0 的電位為 高電位 (HIGH)
暫停 500 毫秒
✓ 高電位 (HIGH)
低電位 (LOW)
7 將複製出來的積木拉曳到暫停 500 毫秒下方
8 點下拉式選單，選擇低電位
複製
複製並覆蓋暫存區
附加至暫存區
清空暫存區
多行輸入
9 對此積木按右鍵，選擇複製
低電位 (LOW)
10 將複製出來的積木拉曳到最下方

設計到此，就已經大功告成了。

程式解說

所有在**主程式 (不斷重複執行)** 內的積木指令都會一直重複執行，直到電源關掉為止，因此程式會先將高電位送到 LED 腳位，暫停 500 毫秒後，再送出低電位，再暫停 500 毫秒，這樣就等同於 LED 一下通電一下沒通電，而你看到的效果就會是閃爍的 LED。

儲存專案

程式設計完畢後，請先儲存專案：

按**儲存**鈕即可儲存專案

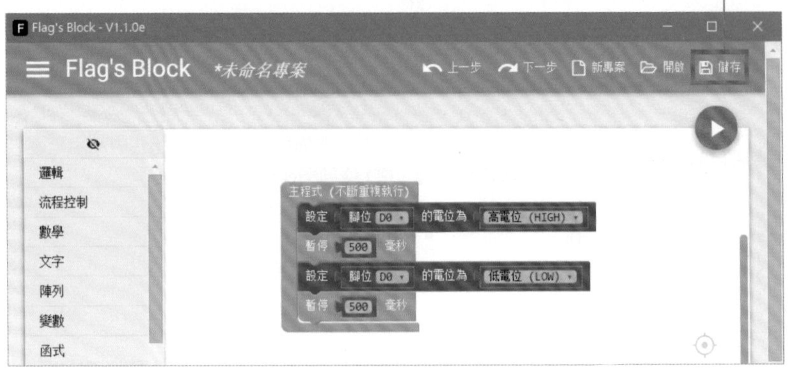
Flag's Block - V1.1.0e
Flag's Block
*未命名專案
上一步
下一步
新專案
開啟
儲存
邏輯
流程控制
數學
文字
陣列
變數
函式

軟體加油站 如果看不到儲存鈕

如果因為畫面太窄看不到儲存鈕，請開啟選單即可執行『**儲存**』命令：

1 按此鈕開啟選單
Flag's Block - V1.1.0e
Flag's Block
*未命名專案
上一步
下一步
新專案
開啟
儲存
另存新專案
2 執行『儲存』命令

如果是新專案第一次儲存，會出現交談窗讓您選擇想要儲存專案的資料夾及輸入檔名：

1 切換到想要儲存專案的資料夾

另存新檔
本機 > OS (C:) > FM608A
搜尋 FM608A
組合管理
新增資料夾
名稱
修改日期
類型
沒有符合搜尋條件的項目
檔案名稱(N): Lab01
存檔類型(T): XML Document
隱藏資料夾
存檔(S)
取消

2 輸入專案名稱 (在儲存時會自動加上副檔名而成為 Lab01.xml)

3 按此鈕儲存

寫程式一點都不難吧！

軟體加油站！ 開啟已儲存的專案或範例專案

日後若您想要重新開啟之前儲存的專案，請如下操作：

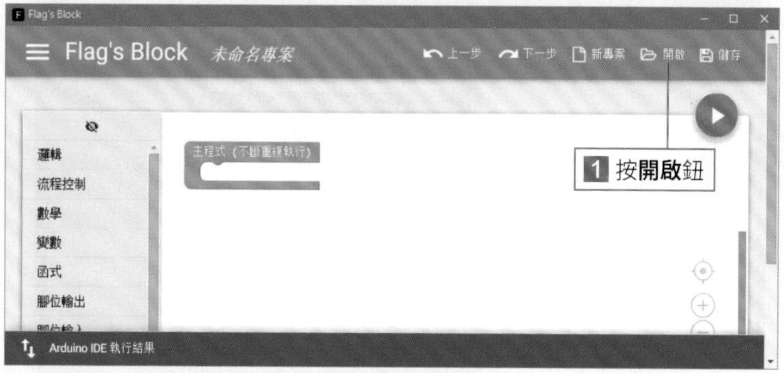

1 按**開啟**鈕

2 切換到存放專案的資料夾

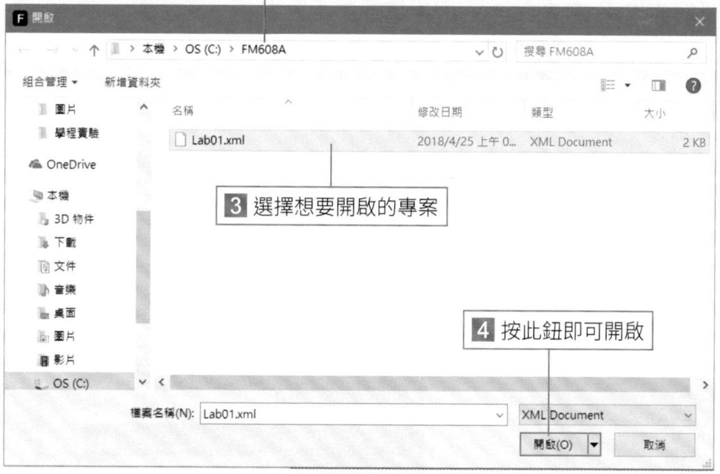

3 選擇想要開啟的專案

4 按此鈕即可開啟

NEXT

為了方便本書的讀者，Flag's Block 已經內建書中所有的範例專案，您可以直接開啟使用：

1 按此鈕開啟選單
2 展開範例 / AI 生醫感測健康大應用
3 選擇您想要開啟的範例專案

Windows 防火牆已封鎖了這個應用程式的一些功能
2 如果出現 Windows 安全性警訊 (防火牆) 的詢問交談窗，請選取允許存取

將程式上傳到 D1 mini 板

為了將程式上傳到 D1 mini 板執行，請先確認 D1 mini 板已用 USB 線接至電腦，然後依照下面說明上傳程式：

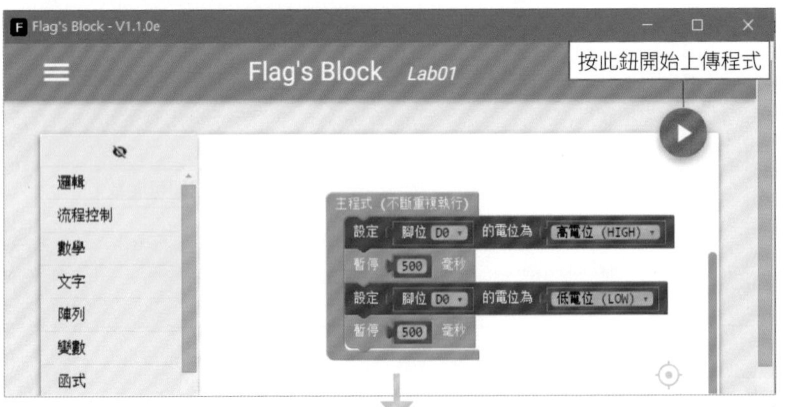

按此鈕開始上傳程式

正在透過 Arduino 開發環境上傳程式
由於燒錄過程需要花一點時間，請耐心等候

⚠ Arduino IDE 是創客界中最常被使用的程式開發環境，使用的是 C/C++ 語言，Flag's Block 就是將積木程式先轉換為 Arduino 的 C/C++ 程式碼後，再上傳到 D1 mini 上。

Flag's Block - V1.1.0e
Flag's Block Lab01
邏輯
流程控制
數學
文字
陣列
變數
函式
腳位輸出
主程式（不斷重複執行）
設定 腳位 D0 的電位為 高電位 (HIGH)
暫停 500 毫秒
設定 腳位 D0 的電位為 低電位 (LOW)
暫停 500 毫秒
上傳成功
按此處可以關閉訊息窗格
Arduino IDE 執行結果
已經成功將草稿碼上傳到 Arduino 板執行

▲ 上傳成功後，即可看到 LED 不斷地閃爍

若您看到紅色的錯誤訊息，請如下排除錯誤：

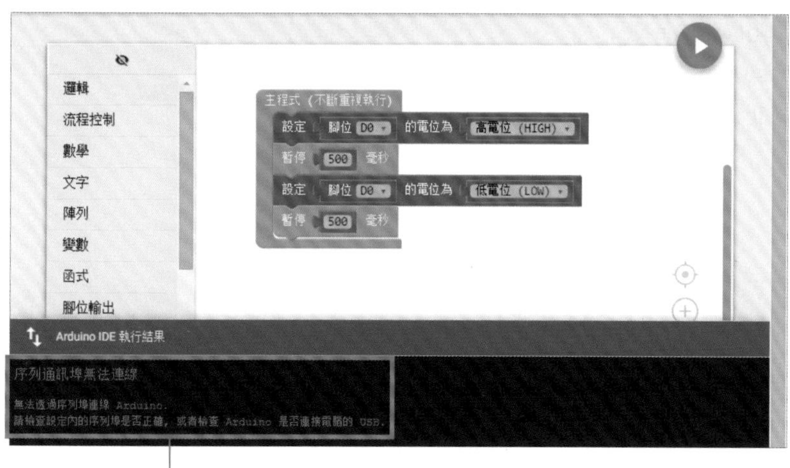
邏輯
流程控制
數學
文字
陣列
變數
函式
腳位輸出
主程式（不斷重複執行）
設定 腳位 D0 的電位為 高電位 (HIGH)
暫停 500 毫秒
設定 腳位 D0 的電位為 低電位 (LOW)
暫停 500 毫秒
Arduino IDE 執行結果
序列通訊埠無法連線

此訊息表示電腦腦無法與 D1 mini 連線溝通，請將連接 D1 mini 的 USB 線拔除重插，或依照前面的說明重新設定序列埠

MEMO

CHAPTER 03

從實招來

測謊器

有時候要看穿對方的謊言沒有這麼容易，因此有了測謊器的發明，那麼測謊器是如何看穿謊言的呢？它是不是真的有效？這一章就讓我們來自製一個測謊器，了解它背後的原理。

3-1 測謊器原理

當我們說謊時，緊張會導致交感神經引起一系列的生理反應，其中包括皮膚導電的變化，由於這是非自主控制的，因此我們可以從這個變化中取得說謊的蛛絲馬跡。

交感神經興奮時會使人體的汗腺分泌比較多的汗水，由於汗水中富含電解質，因此有不錯的導電性，會降低人體皮膚的電阻，我們將皮膚電阻變化的反應稱為：膚電反應 (Galvanic skin response，GSR)，因此只要能量測到 GSR 值，我們就能藉此判斷這個人是否有在說謊，當皮膚電阻越來越小時，就代表說謊的可能性也不斷在提高。

3-2 認識類比訊號

前一章節使用 D1 mini 來控制 LED 時，所使用的是數位訊號 (0/1、High/Low、或 On/Off...)，數位訊號主要是單晶片、電腦內部處理的資料型式。但在現實世界中則幾乎都是類比訊號：不管是我們看到、聽到、聞到的都是類比式的訊號，例如細看水銀溫度計的每個刻度之間，都還可以觀察出不同的連續性變化：

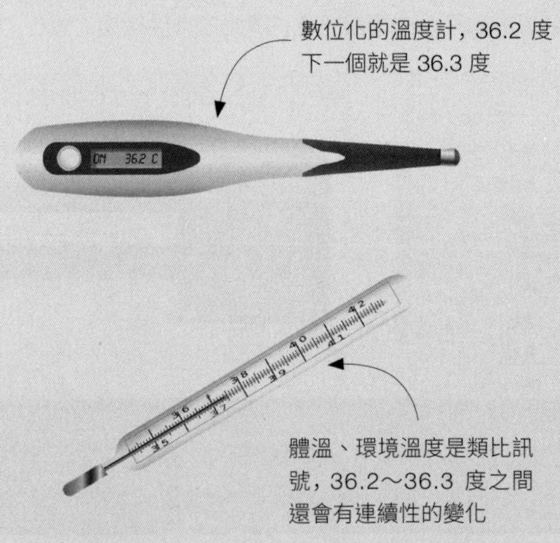
OM 36.2 C
35
36
37
38
39
40
41
42

數位化的溫度計，36.2 度下一個就是 36.3 度

體溫、環境溫度是類比訊號，36.2～36.3 度之間還會有連續性的變化

利用感測器、電子電路，可將真實世界的類比量轉換成電子訊號，例如電壓的變化。如前文所述，為了讓 D1 mini 可進一步處理，就必須進行類比數位轉換 (ADC)，將電壓變化轉成可用 0、1 來表達的數位資料型式。

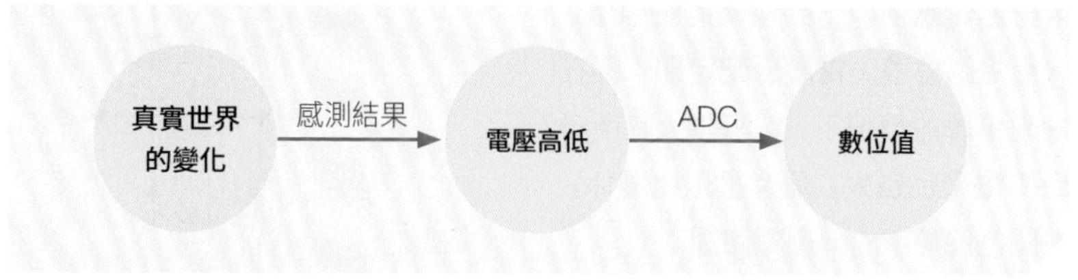
真實世界的變化
感測結果
電壓高低
ADC
數位值

D1 mini 開發板的類比輸入腳位為 A0，當類比輸入腳位偵測到電壓輸入時， ADC 轉換會將 0～3.2V 電壓範圍轉成 0～1024 的數值。所以傳回值 1024 就是 3.2V 電壓輸入，640 表示是 2V 電壓輸入。也就是說，將傳回值先除以 1024 再乘上 3.2 就可以換算成電壓。

3-3 序列通訊

有時候我們會需要將 D1 mini 的數值資料傳送到電腦顯示，這時候就可以使用**序列通訊**，在 D1 mini 上有兩個腳位分別是 TX 及 RX，這兩個腳位有內部線路連接到板子上的 USB 轉換晶片，因此可以當成序列埠 (Serial Port) 的輸出入腳位，經由 USB 線來和 PC 互傳訊息：

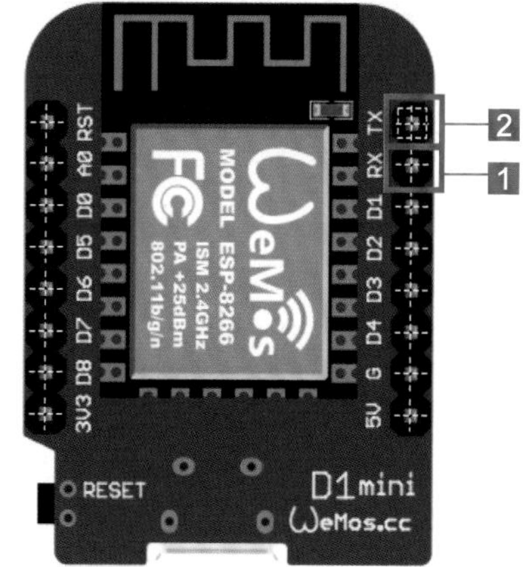
RST A0 D0 D5 D6 D7 D8 3V3
TX RX D1 D2 D3 D4 G 5V
2
1
WeMos
MODEL ESP-8266
ISM 2.4GHz
PA +25dBm
802.11b/g/n
RESET
D1 mini
WeMos.cc

1 標示 RX 的腳位負責接收 (Receive) 資料
2 標示 TX 的腳位負責送出 (Transmit) 資料

在 Flag's Block 中要進行序列通訊其實非常容易，只要使用序列通訊類別的積木即可：

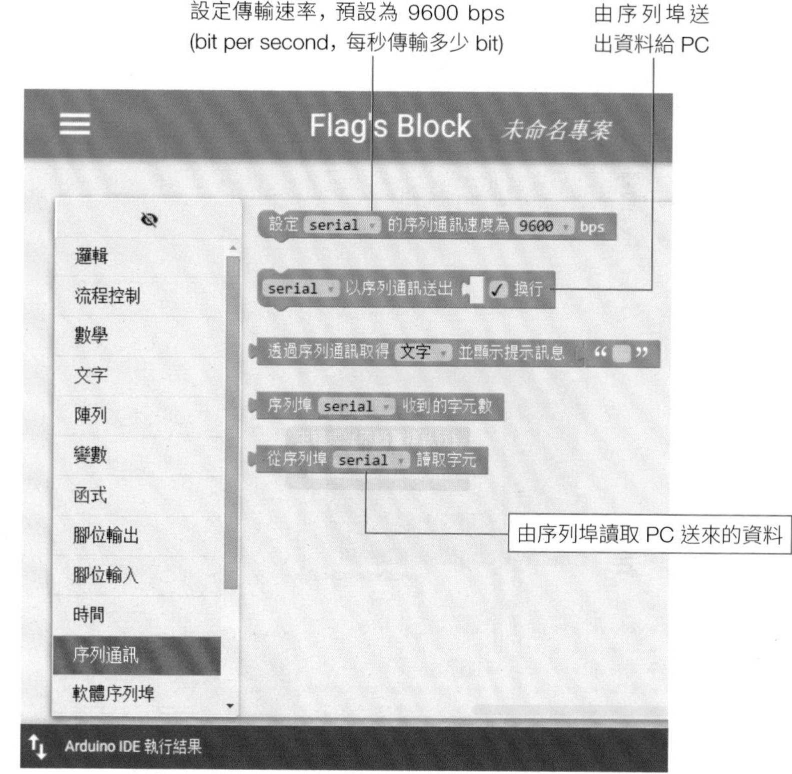
設定傳輸速率，預設為 9600 bps (bit per second，每秒傳輸多少 bit)
由序列埠送出資料給 PC
Flag's Block 未命名專案
邏輯
流程控制
數學
文字
陣列
變數
函式
腳位輸出
腳位輸入
時間
序列通訊
軟體序列埠
設定 serial 的序列通訊速度為 9600 bps
serial 以序列通訊送出 換行
透過序列通訊取得 文字 並顯示提示訊息 “ ”
序列埠 serial 收到的字元數
從序列埠 serial 讀取字元
由序列埠讀取 PC 送來的資料
Arduino IDE 執行結果

接著就讓我們來動手實作一個測謊器，並透過序列通訊將數值傳送到電腦上顯示。

至於要如何在電腦中讀取 D1 mini 送來的資料呢？基本上只要使用任何具備『讀取序列埠 (COM 埠)』功能的程式都可以。在下面的 LAB 中，我們將使用 Arduino 程式開發環境的序列埠監控視窗來讀取。

Lab02

簡易膚電測謊器

實驗目的	從製作測謊器的過程中，學習如何量測 GSR 值。	
材料	• D1 mini • 鋁箔紙	• 2KΩ 電阻 • 杜邦線若干

接線圖

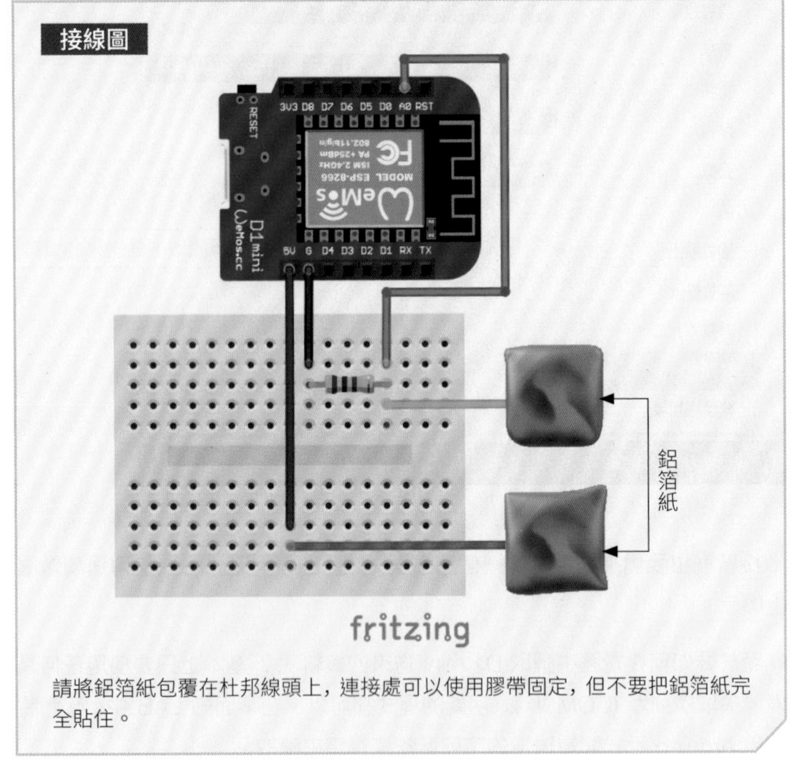

鋁箔紙
fritzing

請將鋁箔紙包覆在杜邦線頭上，連接處可以使用膠帶固定，但不要把鋁箔紙完全貼住。

⚠ 此處的鋁箔紙需自行準備，若沒有鋁箔紙，也可以直接使用杜邦線的公頭，但量測效果較差。

設計原理

膚電反應是生理訊號中相對容易取得且不需要特別處理的訊號，只要使用**分壓電路**便能得到皮膚的電阻值，分壓電路會遵循**電壓分配定則**：即在電阻串聯的情況下，電阻越大其所分到的電壓也越大，兩者呈正比關係，右圖為實驗中的分壓電路圖：

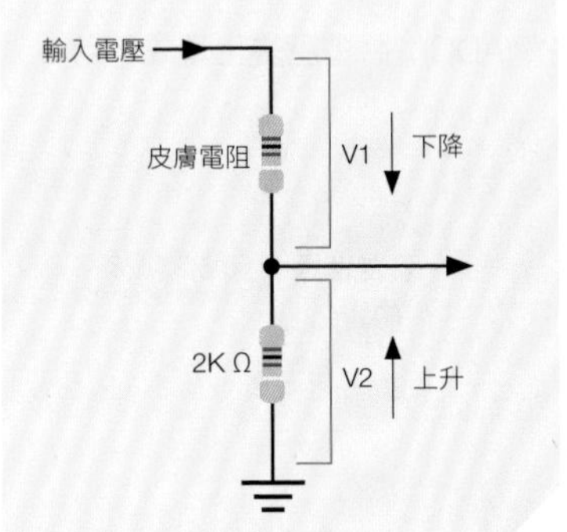

輸入電壓
皮膚電阻
V1
下降
2K Ω
V2
上升

此電路中 V1 是人體皮膚電阻分到的電壓，V2 是 2KΩ 分到的電壓，V1 加 V2 會等於**輸入電壓**，因此當皮膚電阻越小，V2 就越大：

皮膚電阻↓ ⟶ V1↓　(成正比)

V1↓ +V2↑ = **輸入電壓**　(固定值)

例如：輸入電壓為 5(V)，V1=3(V) 則 V2=2(V)，當皮膚電阻降低，造成 V1 降低為 1(V)，此時 V2 變為 4(V)。

這個電路中 V2 就是輸出電壓，所以我們可以知道當輸出電壓越大，代表受測者的皮膚電阻越低，也越有可能在說謊。

設計程式

請啟動 Flag's Block 程式，然後如下操作：

1 先加入 SETUP 設定積木，然後利用計時的方式來控制之後腳位的讀取速度：

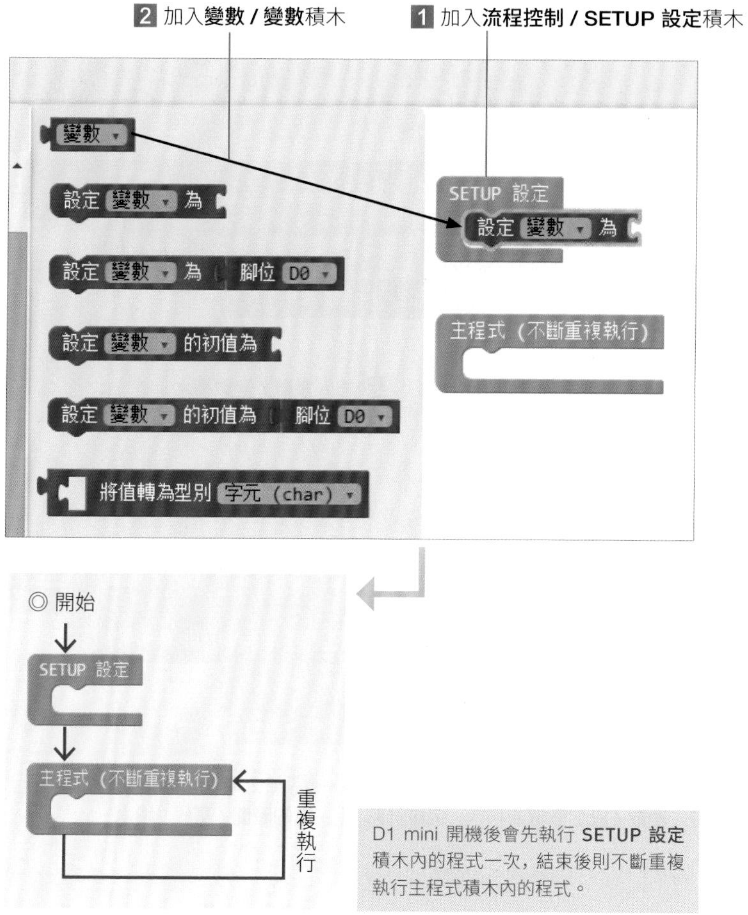

2 加入**變數 / 變數**積木
1 加入**流程控制 / SETUP 設定**積木
變數
設定 變數 為
設定 變數 為 腳位 D0
設定 變數 的初值為
設定 變數 的初值為 腳位 D0
將值轉為型別 字元 (char)
SETUP 設定
設定 變數 為
主程式 (不斷重複執行)
◎ 開始
SETUP 設定
主程式 (不斷重複執行)
重複執行
D1 mini 開機後會先執行 **SETUP 設定**積木內的程式一次，結束後則不斷重複執行主程式積木內的程式。

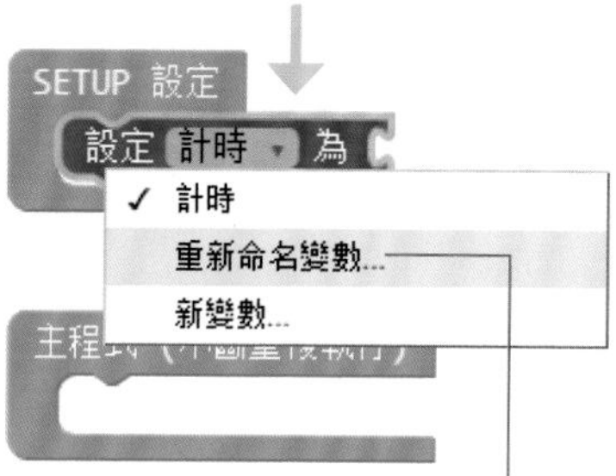

SETUP 設定
設定 計時 為
✓ 計時
重新命名變數...
新變數...
主程式 (不斷重複執行)

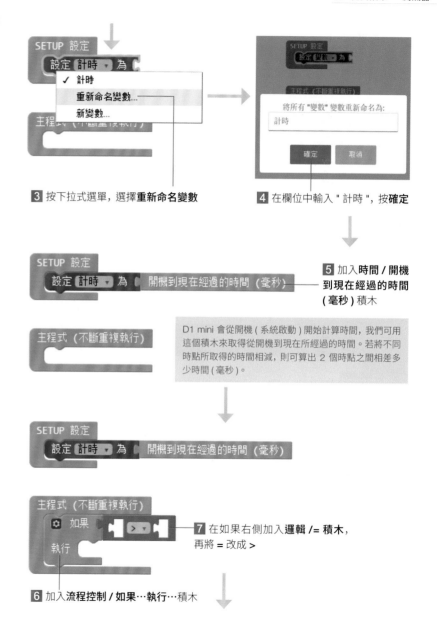

將所有 "變數" 變數重新命名為：
計時
確定 取消

3 按下拉式選單，選擇**重新命名變數**

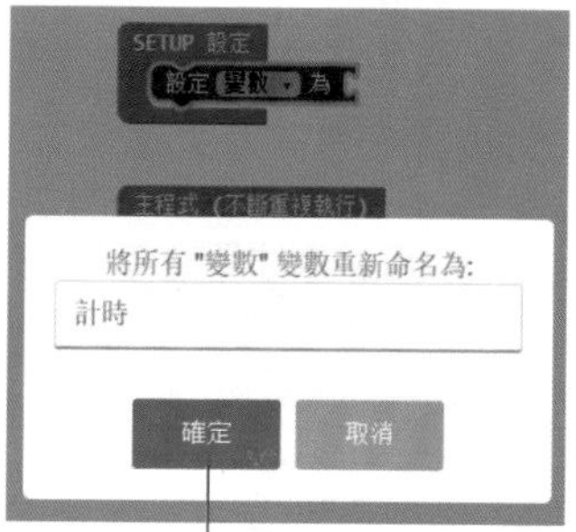

4 在欄位中輸入 " 計時 "，按**確定**

SETUP 設定
設定 計時 為 開機到現在經過的時間 (毫秒)

5 加入**時間 / 開機到現在經過的時間 (毫秒)** 積木

主程式 (不斷重複執行)

D1 mini 會從開機 (系統啟動) 開始計算時間，我們可用這個積木來取得從開機到現在所經過的時間。若將不同時點所取得的時間相減，則可算出 2 個時點之間相差多少時間 (毫秒)。

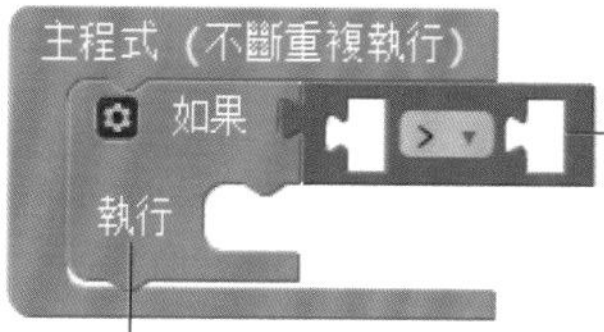

SETUP 設定
設定 計時 為 開機到現在經過的時間 (毫秒)

主程式 (不斷重複執行)
如果 >
執行

7 在如果右側加入**邏輯 /= 積木**，再將 = 改成 >

6 加入**流程控制 / 如果…執行…**積木

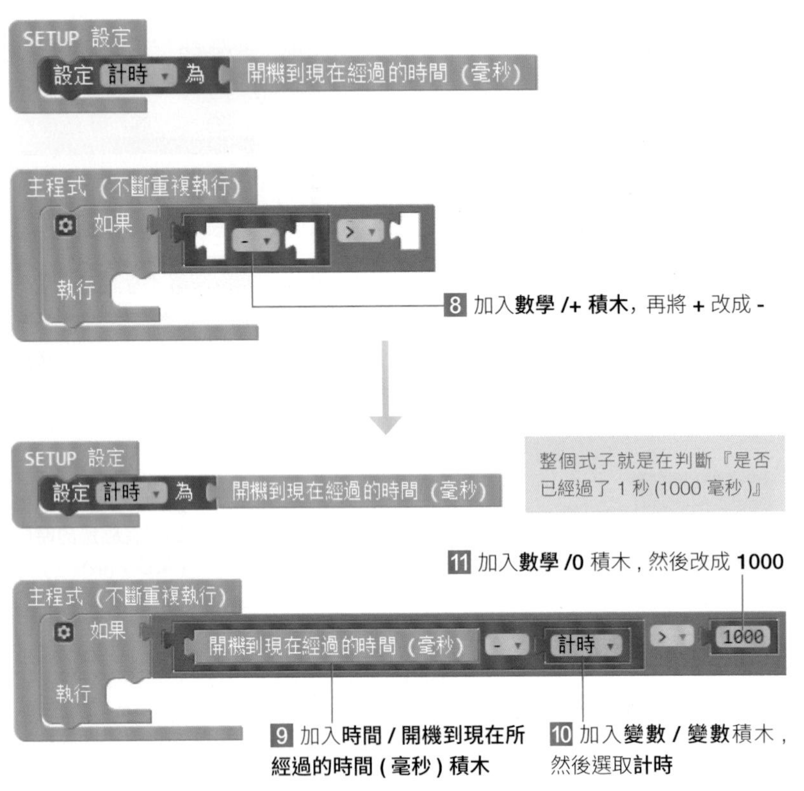
SETUP 設定
設定 計時 為 開機到現在經過的時間 (毫秒)
主程式 (不斷重複執行)
如果
執行
8 加入數學 /+ 積木，再將 + 改成 -
SETUP 設定
設定 計時 為 開機到現在經過的時間 (毫秒)
整個式子就是在判斷『是否已經過了 1 秒 (1000 毫秒)』
11 加入數學 /0 積木，然後改成 1000
主程式 (不斷重複執行)
如果
開機到現在經過的時間 (毫秒) - 計時 > 1000
執行
9 加入時間 / 開機到現在所經過的時間 (毫秒) 積木
10 加入變數 / 變數積木，然後選取計時

2 接著我們要在主程式中不斷讀取輸出電壓，並透過序列通訊將數值顯示出來，完成後再重新計時：

SETUP 設定
設定 計時 為 開機到現在經過的時間 (毫秒)
設定 serial 的序列通訊速度為 9600 bps
1 加入序列通訊 / 設定 serial 的序列通訊速度…積木

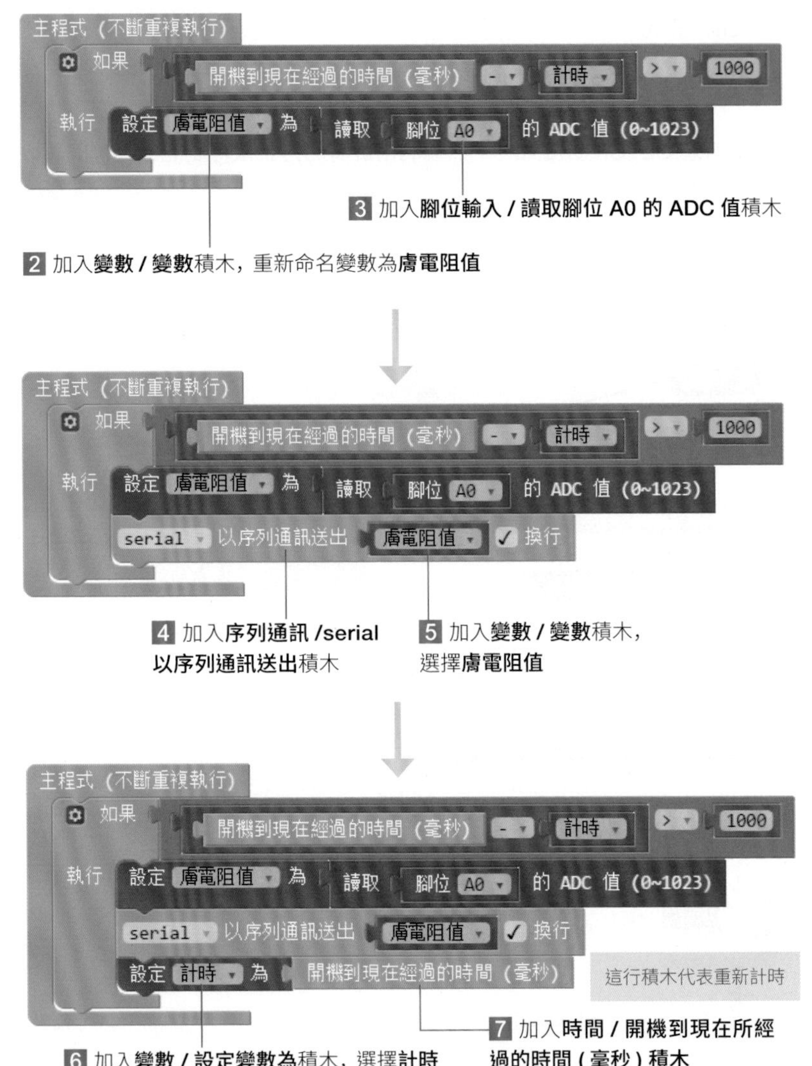
主程式 (不斷重複執行)
如果
開機到現在經過的時間 (毫秒) - 計時 > 1000
執行
設定 膚電阻值 為 讀取 腳位 A0 的 ADC 值 (0~1023)
3 加入腳位輸入 / 讀取腳位 A0 的 ADC 值積木
2 加入變數 / 變數積木，重新命名變數為膚電阻值
主程式 (不斷重複執行)
如果
開機到現在經過的時間 (毫秒) - 計時 > 1000
執行
設定 膚電阻值 為 讀取 腳位 A0 的 ADC 值 (0~1023)
serial 以序列通訊送出 膚電阻值 ✓ 換行
4 加入序列通訊 /serial 以序列通訊送出積木
5 加入變數 / 變數積木，選擇膚電阻值
主程式 (不斷重複執行)
如果
開機到現在經過的時間 (毫秒) - 計時 > 1000
執行
設定 膚電阻值 為 讀取 腳位 A0 的 ADC 值 (0~1023)
serial 以序列通訊送出 膚電阻值 ✓ 換行
設定 計時 為 開機到現在經過的時間 (毫秒)
這行積木代表重新計時
7 加入時間 / 開機到現在所經過的時間 (毫秒) 積木
6 加入變數 / 設定變數為積木，選擇計時

3 完成後請按右上方的**儲存**鈕存檔為 Lab02。完整的程式如下：

```
SETUP 設定
  設定 計時 為 開機到現在經過的時間（毫秒）
  設定 serial 的序列通訊速度為 9600 bps

主程式（不斷重複執行）
  如果 開機到現在經過的時間（毫秒） - 計時 > 1000
  執行 設定 膚電阻值 為 讀取 腳位 A0 的 ADC 值（0~1023）
       serial 以序列通訊送出 膚電阻值 ✓ 換行
       設定 計時 為 開機到現在經過的時間（毫秒）
```

實測

按右上方的 ▶ 鈕上傳程式後，請開啟 Flag's Block 內附的 Arduino 程式開發環境，來觀看 D1 mini 每秒經 USB 傳來的數值：

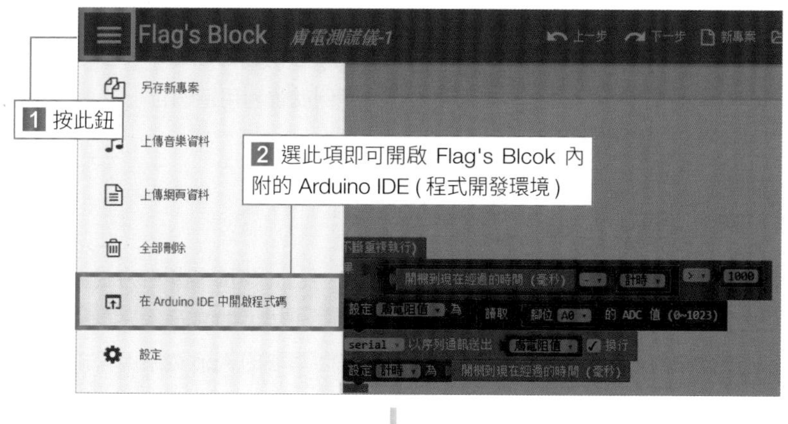

Flag's Block 膚電測謊儀-1
上一步
下一步
新專案
另存新專案
上傳音樂資料
上傳網頁資料
全部刪除
在 Arduino IDE 中開啟程式碼
設定
1 按此鈕
2 選此項即可開啟 Flag's Blcok 內附的 Arduino IDE (程式開發環境)

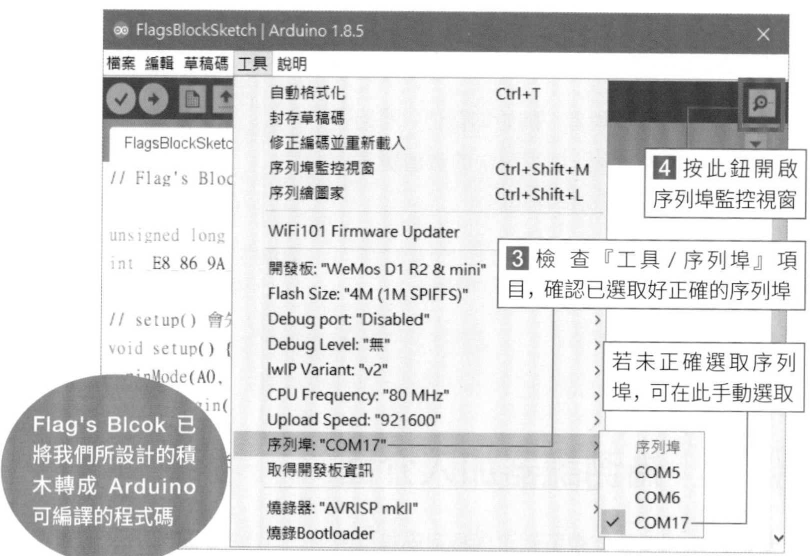

FlagsBlockSketch | Arduino 1.8.5
檔案 編輯 草稿碼 工具 說明
自動格式化 Ctrl+T
封存草稿碼
修正編碼並重新載入
序列埠監控視窗 Ctrl+Shift+M
序列繪圖家 Ctrl+Shift+L
WiFi101 Firmware Updater
開發板: "WeMos D1 R2 & mini"
Flash Size: "4M (1M SPIFFS)"
Debug port: "Disabled"
Debug Level: "無"
lwIP Variant: "v2"
CPU Frequency: "80 MHz"
Upload Speed: "921600"
序列埠: "COM17"
取得開發板資訊
燒錄器: "AVRISP mkII"
燒錄Bootloader
序列埠
COM5
COM6
COM17
4 按此鈕開啟序列埠監控視窗
3 檢查『工具 / 序列埠』項目，確認已選取好正確的序列埠
若未正確選取序列埠，可在此手動選取
Flag's Blcok 已將我們所設計的積木轉成 Arduino 可編譯的程式碼

▲ Arduino 的程式開發環境

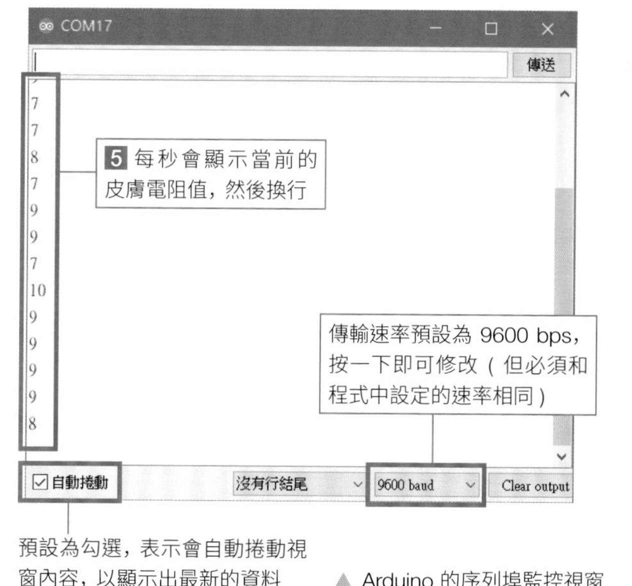

COM17
傳送
7
7
8
7
9
9
7
10
9
9
9
9
8
5 每秒會顯示當前的皮膚電阻值，然後換行
傳輸速率預設為 9600 bps，按一下即可修改 (但必須和程式中設定的速率相同)
自動捲動
沒有行結尾
9600 baud
Clear output
預設為勾選，表示會自動捲動視窗內容，以顯示出最新的資料

▲ Arduino 的序列埠監控視窗

請受測者分別將中指和無名指放於兩片鋁箔紙上方，如右所示：

你可以先記錄受測者一開始的數值，開始問問題後，當序列埠監控視窗中的數值變高時，就代表受測者有可能在說謊。

▲ 如果一時間看不出變化，可以倒一點生理食鹽水在手指上，模擬說謊時因為緊張而出汗的情況。

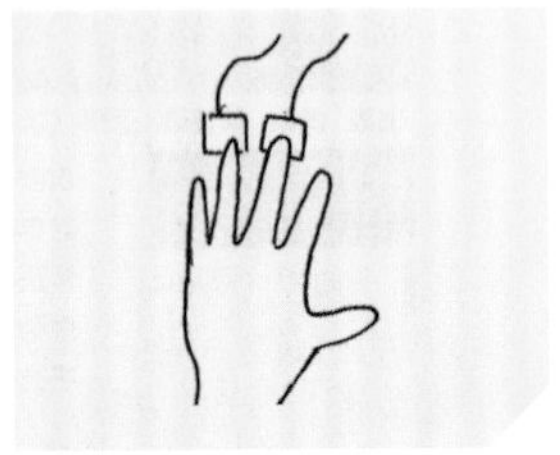

兩隻指頭放哪一片鋁箔紙都可以，不需要特別區分

3-4 為測謊器加入介面

雖然用序列埠監控視窗就可以看到皮膚電阻值，但這樣的顯示方式不夠直觀，而且還要一直連接電腦，不是這麼的方便。我們之前提到過，D1 mini 控制板上的 ESP8266 單晶片本身具備 Wi-Fi 無線網路，而大家人手一隻的智慧型手機也具備無線網路，只要相互通訊，就可以把手機當成測謊器的介面。在這一節中，我們就要實作一個有無線介面的測謊器，讓使用者可以直接從手機上看穿對方的謊言。

建立無線網路

D1 mini 可以當成無線熱點 (Access Point，簡稱 AP) 運作，也就是可以變成無線網路基地台，建立專屬無線網路，讓其他裝置透過這個無線網路相互通訊，非常方便。

要透過程式建立這樣的無線網路，只要使用 **ESP8266 無線網路 / 建立名稱 ... 的無線網路**積木即可：

```
建立名稱： " ESP8266 "  密碼： "  "  頻道： 1 的 ( 隱藏) 無線網路
```

個別欄位的說明如下：

欄位	說明
名稱	無線網路的名稱 (SSID)，也就是使用者在挑選無線網路時看到的名稱
密碼	連接到此無線網路時所需輸入的密碼，如果留空，就是開放網路，不需密碼即可連接
頻道	無線網路採用的無線電波頻道 (1~13)，如果發現通訊品質不好，可以試看看選用其他編號的頻道
隱藏	如果希望這個網路只讓知道名稱的人連接，不讓其他人看到，請打勾

這個積木會回傳網路是否建立成功？實際使用時，通常搭配**流程控制 / 持續等待**積木組合運用：

```
持續等待，直到 建立名稱： " ESP8266 "  密碼： "  "  頻道： 1 的 ( 隱藏) 無線網路
```

持續等待積木會等待右側相接的積木運作回報成功才會往下一個積木執行，以上例來說，就是會重複嘗試，一直到成功建立無線網路為止。這樣我們就可以確定在已經建立無線網路的情況下，才會執行後續的積木。

要特別注意的是，D1 mini 控制板在自己建立的無線網路中，它的網路位址固定為 **192.168.4.1**，稍後我們執行的範例就會利用這個位址讓手機連接到 D1 mini 控制板。

建立網站

為了讓手機或是筆電等裝置都能成為介面，我們採用最簡單的方式，就是讓 D1 mini 變成網站，傳輸生理訊號到其他裝置，這樣手機或筆電只要執行瀏覽器，就可以接收訊號，而不需要為個別裝置設計專屬的 App 或應用程式。

D1 mini 控制板也支援網站功能，相關的積木都在 **ESP8266 無線網路**下，首先要啟用網站：

使用 80 號連接埠啟動網站

連接埠編號就像是公司內的分機號碼一樣，其中 80 號連接埠是網站預設使用的編號，就像總機人員分機號碼通常是 0 一樣。如果更改編號，稍後在瀏覽器鍵入網址時，就必須在位址後面加上 ": 編號 "，例如編號改為 5555，網址就要寫為 "192.168.4.1:5555"，若保留 80 不變，網址就只要寫 "192.168.4.1"。

啟用網站後，還要決定如何處理接收到的指令 (也稱為『請求 (Request)』)，這可以透過以下積木完成：

讓網站使用 傳送說謊值 函式處理 /lie 路徑的請求

路徑欄位就是指令的名稱，可用 "/" 分隔名稱做成多階層架構。不同指令可有對應的專門處理方式。在瀏覽器的網址中指定路徑的方式就像這樣：

```
http://192.168.4.1/lie
```

尾端的 "/lie" 就是路徑。

定義函式 名稱

對應路徑的處理工作則是交給前面的函式欄位來決定，每一個路徑都必須先準備好對應的處理函式。要建立函式，可使用**函式 / 定義函式**積木來完成：

函式就是一組積木的代稱，只要將想執行的一組積木加入**定義函式**內，再幫函式取好名稱，就可以直接用該名稱來執行對應的那一組積木。如此一來，就可以用具有意義或容易理解的名稱來代表一組積木，讓程式更容易理解。

執行指令後可以使用以下積木傳送資料回去給瀏覽器：

讓網站傳回狀態碼： 200 MIME 格式： " text/plain " 內容： " OK "

狀態碼預設為 200，表示指令執行成功。如果傳送的文字是純文字，**MIME 格式**欄位就要填入 "text/plain"；如果傳回的是 HTML 網頁內容，就要填入 "text/html"。實際要傳送回瀏覽器的資料就填入**內容**欄位內。

軟體補給站!

HTTP 教學資源

有關可用的狀態碼、MIME 格式，或是設計網頁所使用的 HTML 語言等等，可參考相關文件或教學：

HTTP 狀態碼
https://goo.gl/a94q5M

HTML 教學
https://goo.gl/rquLec

為了簡化程式，啟用網站時預設就會處理 "/" 以及 "/setting" 兩個路徑的指令，直接傳回可自訂的 HTML 網頁內容。若要修改傳回的網頁內容，可在安裝 Flag's Block 的資料夾下找到 "www" 資料夾，以其中的 webpages_template.h 檔案為範本，用文字編輯器修改後另存新檔：

```
wwebpages_template.h 檔案內容
//---------------------這裡是主頁面 ("/")-------------------
String mainPage = u8R"(
  這裡可填入網頁內容
)";
//---------------------這裡是錯誤路徑頁面--------------------
String errorPage = u8R"(
  這裡可填入網頁內容
)";
//---------------------這裡是設定頁面 ("/setting")----------
String settingPage = u8R"(
  這裡可填入網頁內容
)";
```

其中錯誤路徑頁面代表當接收到的指令沒有對應的處理函式時，要傳回給瀏覽器的內容。修改好網頁內容檔後，只要執行『**≡ / 上傳網頁資料**』命令，指定剛剛修改好的網頁內容檔案，後續啟用網站的積木就會改為採用此檔的內容作為預設的網頁內容。

為了讓剛剛建立的網站運作，我們還需要在**主程式 (不斷重複執行)** 中加入**讓網站接收請求**積木，才會持續檢查是否有收到新的指令，並進行對應的處理工作。

讓網站接收請求

Lab03

無線介面測謊器

實驗目的	建立一個網站用來接收測謊數值，並將數值轉換成直觀的顯示介面
材料	同 Lab02
接線圖	同 Lab02

設計原理

此 LAB 使用已經事先設計好的網頁，從下圖中可以看到網頁中有一個半圓的轉盤，這個轉盤從 0 °~180 °就代表說實話到說謊話：

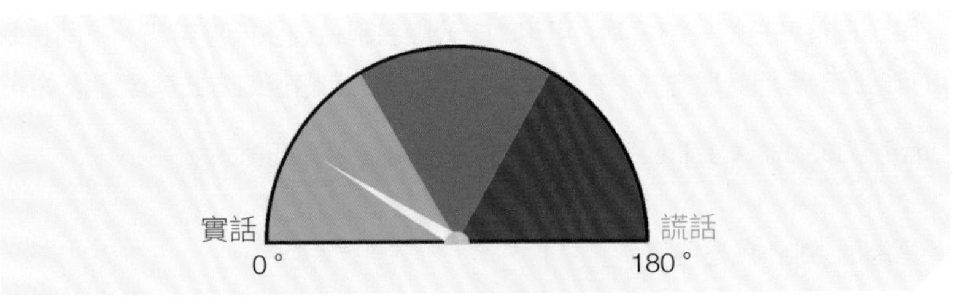
實話
謊話
0 °
180 °

因此我們要將皮膚電阻值對應到數值 0~180，再把這個數值傳送給網站，你必須先記錄一開始皮膚電阻值的範圍，例如筆者測試時，說實話的數值大約落在 10，而說謊話時的數值大約落在 40，我們就可以知道原數值的範圍是在 10~40，由於每個環境都不同 (每張鋁箔紙導電度不同…)，因此建議讀者可以重新量測，若是不想量測，直接使用這個數值也可以。

設計程式

請先在 Flag's Block 程式中開啟 Lab02 專案，然後如下操作：

1 建立無線網路：

SETUP 設定
設定 計時 為 開機到現在經過的時間 (毫秒)
設定 serial 的序列通訊速度為 9600 bps
持續等待，直到 建立名稱： " liedetector " 密碼： " "
2 加入 ESP8266 無線網路 / 建立 ... 無線網路積木
1 加入流程控制 / 持續等待積木
3 更改網路名稱為 "liedetector"

2 啟用網站：

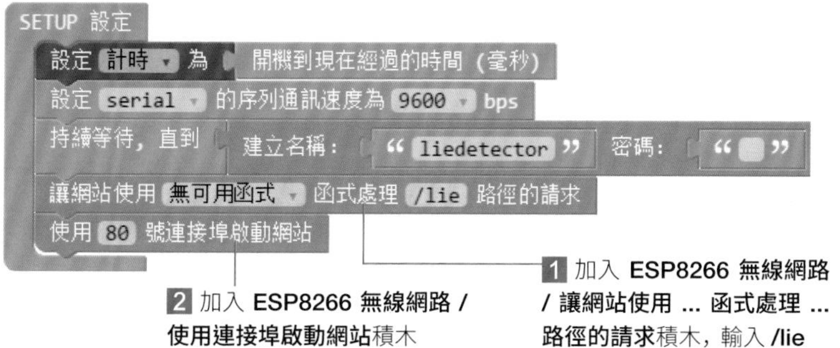
SETUP 設定
設定 計時 為 開機到現在經過的時間 (毫秒)
設定 serial 的序列通訊速度為 9600 bps
持續等待，直到 建立名稱： " liedetector " 密碼： " "
讓網站使用 無可用函式 函式處理 /lie 路徑的請求
使用 80 號連接埠啟動網站
1 加入 ESP8266 無線網路 / 讓網站使用 ... 函式處理 ... 路徑的請求積木，輸入 /lie
2 加入 ESP8266 無線網路 / 使用連接埠啟動網站積木

因為我們還沒有準備好處理指令的函式，所以第一個欄位顯示『無可用函式』，稍後設計好函式後，就可以選取正確的函式了。

3 設計處理指令的函式：

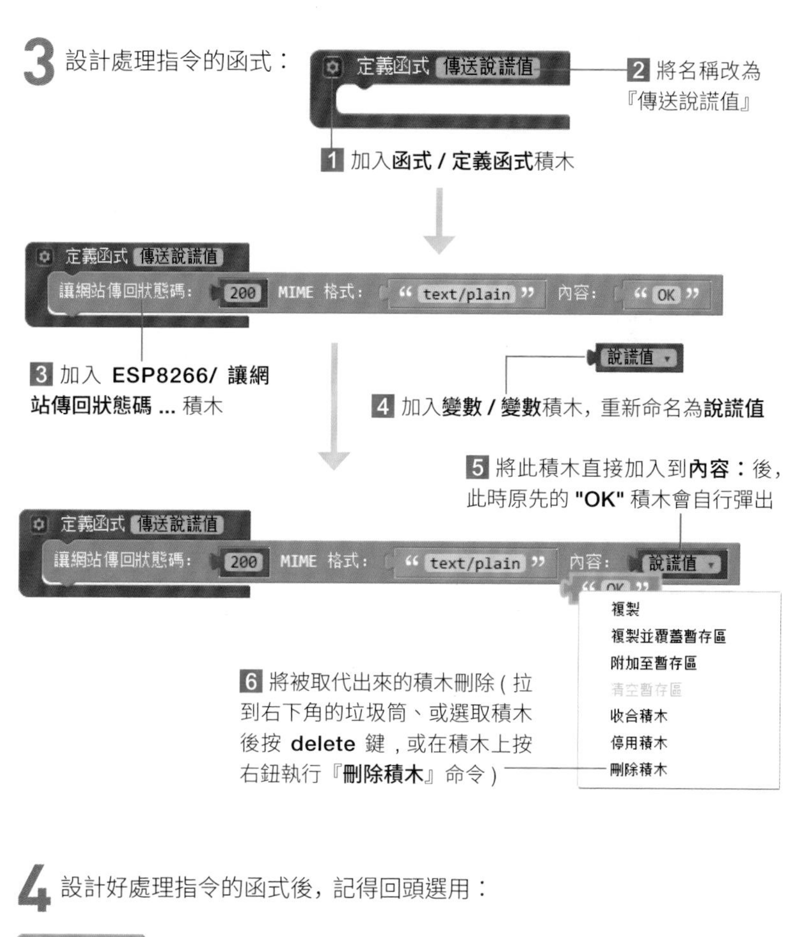
定義函式 傳送說謊值
2 將名稱改為『傳送說謊值』
1 加入函式 / 定義函式積木
定義函式 傳送說謊值
讓網站傳回狀態碼： 200 MIME 格式： " text/plain " 內容： " OK "
3 加入 ESP8266/ 讓網站傳回狀態碼 ... 積木
說謊值
4 加入變數 / 變數積木，重新命名為說謊值
5 將此積木直接加入到內容：後，此時原先的 "OK" 積木會自行彈出
定義函式 傳送說謊值
讓網站傳回狀態碼： 200 MIME 格式： " text/plain " 內容： 說謊值
複製
複製並覆蓋暫存區
附加至暫存區
清空暫存區
收合積木
停用積木
刪除積木
6 將被取代出來的積木刪除 (拉到右下角的垃圾筒、或選取積木後按 delete 鍵，或在積木上按右鈕執行『刪除積木』命令)

4 設計好處理指令的函式後，記得回頭選用：

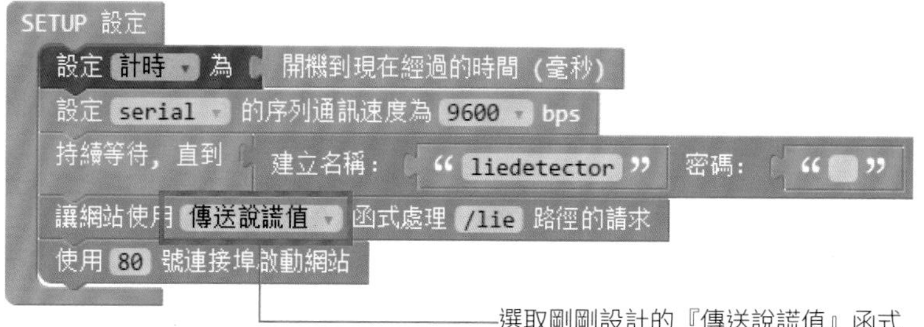
SETUP 設定
設定 計時 為 開機到現在經過的時間 (毫秒)
設定 serial 的序列通訊速度為 9600 bps
持續等待，直到 建立名稱： " liedetector " 密碼： " "
讓網站使用 傳送說謊值 函式處理 /lie 路徑的請求
使用 80 號連接埠啟動網站
選取剛剛設計的『傳送說謊值』函式

5 設計一個能夠將皮膚電阻值對應到圓盤角度的函式：

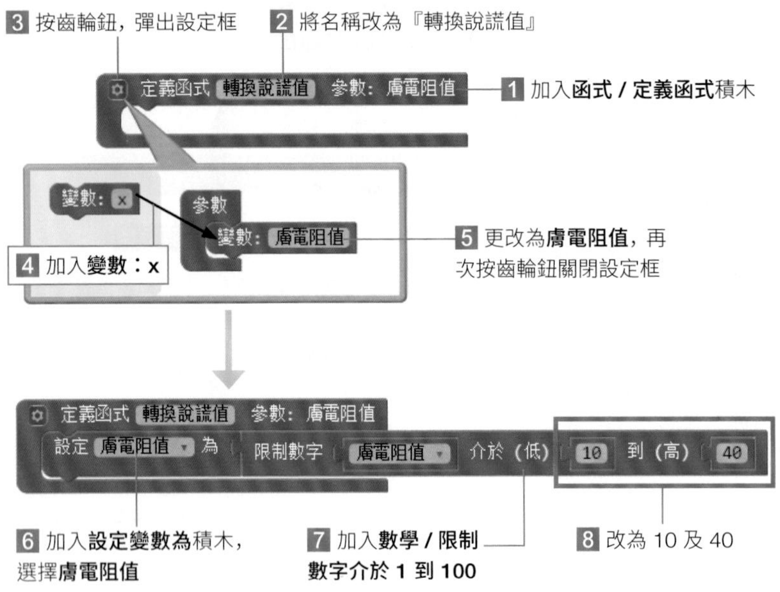

3 按齒輪鈕，彈出設定框
2 將名稱改為『轉換說謊值』
定義函式 轉換說謊值 參數：膚電阻值
1 加入函式 / 定義函式積木
變數：x
參數
變數：膚電阻值
4 加入變數：x
5 更改為膚電阻值，再次按齒輪鈕關閉設定框
定義函式 轉換說謊值 參數：膚電阻值
設定 膚電阻值 為 限制數字 膚電阻值 介於（低） 10 到（高） 40
6 加入設定變數為積木，選擇膚電阻值
7 加入數學 / 限制數字介於 1 到 100
8 改為 10 及 40

這樣設計可以讓數值永遠都在 10~40，不會超過此範圍，方便我們後續的設定。

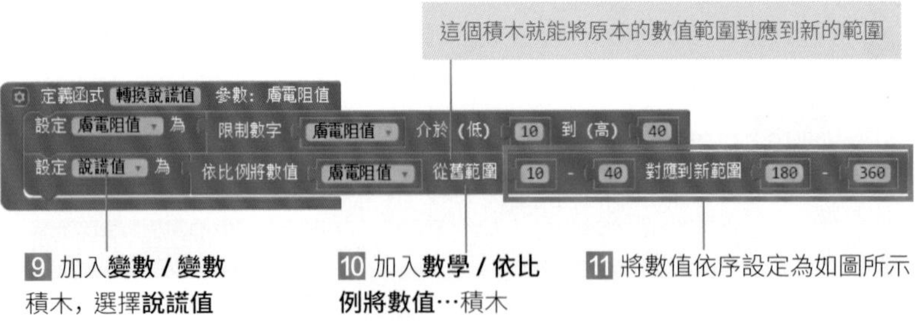

這個積木就能將原本的數值範圍對應到新的範圍
定義函式 轉換說謊值 參數：膚電阻值
設定 膚電阻值 為 限制數字 膚電阻值 介於（低） 10 到（高） 40
設定 說謊值 為 依比例將數值 膚電阻值 從舊範圍 10 - 40 對應到新範圍 180 - 360
9 加入變數 / 變數積木，選擇說謊值
10 加入數學 / 依比例將數值…積木
11 將數值依序設定為如圖所示

6 在主程式中接收指令並加入設計好的函式：

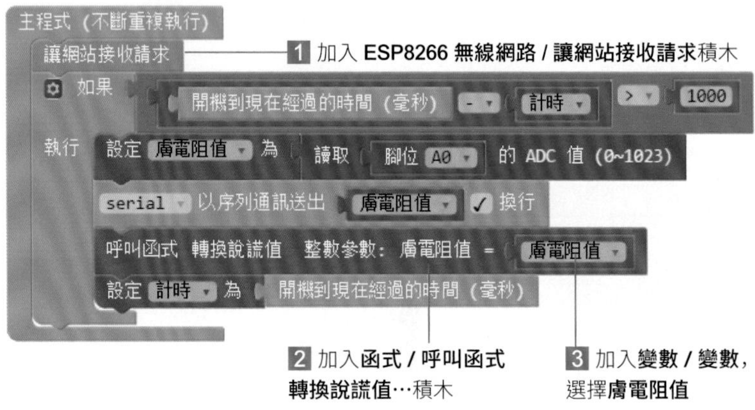

主程式（不斷重複執行）
讓網站接收請求
1 加入 ESP8266 無線網路 / 讓網站接收請求積木
如果 開機到現在經過的時間（毫秒） - 計時 > 1000
執行 設定 膚電阻值 為 讀取 腳位 A0 的 ADC 值 (0~1023)
serial 以序列通訊送出 膚電阻值 換行
呼叫函式 轉換說謊值 整數參數：膚電阻值 = 膚電阻值
設定 計時 為 開機到現在經過的時間（毫秒）
2 加入函式 / 呼叫函式轉換說謊值…積木
3 加入變數 / 變數，選擇膚電阻值

7 上傳主網頁內容：

Flag's Block
1 按這裡開啟功能表
另存新專案
上傳音樂資料
上傳網頁資料
2 執行『上傳網頁資料』命令
3 切換到 Flag's Block 安裝路徑下的 www 資料夾
開啟
« OS (C:) › FlagsBlock › www ›
搜尋 www
組合管理
新增資料夾
名稱
修改日期
類型
快速存取
OneDrive
本機
3D 物件
下載
webpages_liedetector.h 2018/4/10 下午 0... H 檔案
webpages_test_ajax2.h 2018/2/26 下午 0... H 檔案
webpages_test_ajax.h 2018/2/26 下午 0... H 檔案
webpages_test.h 2018/2/26 下午 0... H 檔案
webpages_template.h 2018/2/26 下午 0... H 檔案
檔案名稱(N): webpages_liedetector.h
H File (.h)
開啟(O)
取消
4 選取預先準備好的 webpages_liedetector.h 檔
5 按開啟

8 完成後請按右上方的**儲存**鈕存檔為 Lab03。完整的程式如下：

```
SETUP 設定
  設定 計時 為 開機到現在經過的時間 (毫秒)
  設定 serial 的序列通訊速度為 9600 bps
  持續等待, 直到 建立名稱: " liedetector " 密碼: " " 頻道: 1 的 ( 隱藏) 無線網路
  讓網站使用 傳送說謊值 函式處理 /lie 路徑的請求
  使用 80 號連接埠啟動網站

定義函式 傳送說謊值
  讓網站傳回狀態碼: 200 MIME 格式: " text/plain " 內容: 說謊值

定義函式 轉換說謊值 參數: 膚電阻值
  設定 膚電阻值 為 限制數字 膚電阻值 介於 (低) 10 到 (高) 40
  設定 說謊值 為 依比例將數值 膚電阻值 從舊範圍 10 - 40 對應到新範圍 180 - 360

主程式 (不斷重複執行)
  讓網站接收請求
  如果 開機到現在經過的時間 (毫秒) - 計時 > 1000
  執行 設定 膚電阻值 為 讀取 腳位 A0 的 ADC 值 (0~1023)
       serial 以序列通訊送出 膚電阻值 ✓ 換行
       呼叫函式 轉換說謊值 整數參數: 膚電阻值 = 膚電阻值
       設定 計時 為 開機到現在經過的時間 (毫秒)
```

實測

按右上方的 ▶ 鈕上傳程式後，請拿出手機或是筆電，嘗試連上程式中建立的 **liedetector** 無線網路 (以下以 Android 手機為例)：

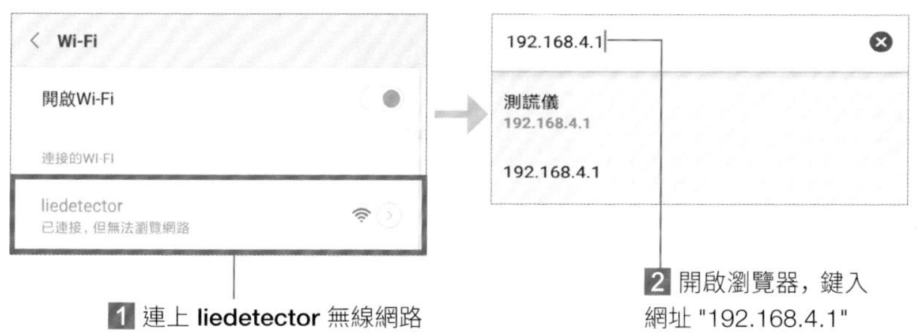
Wi-Fi
開啟Wi-Fi
連接的WI-FI
liedetector
已連接，但無法瀏覽網路
192.168.4.1
測謊儀
192.168.4.1
192.168.4.1

1 連上 **liedetector** 無線網路

2 開啟瀏覽器，鍵入網址 "192.168.4.1"

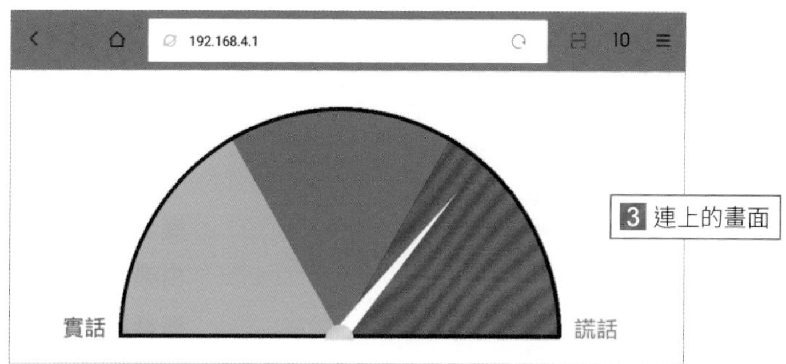
192.168.4.1
10
實話
謊話

3 連上的畫面

操作方法如同 LAB02 一樣，將手指放於鋁箔紙上，受測者的說謊數值會以指針的方式呈現在網頁上，當指針指向**謊話**時，代表受測者有可能在說謊

⚠ 請注意！由於本套件的重點在於生理訊號及 AI，因此網頁的部分就不多做說明，有興趣的讀者可以自行參考網頁資料中的 HTML 。

3-4 探討 - 測謊器真的準嗎？

你很有可能會發現，有時候明明受測者在說謊，測謊器卻一點反應都沒有，這主要是因為以下兩種原因：

1. 真正的測謊儀器必須有受測者的呼吸、膚電反應、血壓、心跳等生理訊號做參考以提升準確性，本實驗僅使用膚電反應，為簡易版本，因此準度一定不如真正的測謊儀器。

2. 事實上，測謊器所偵測到的是受測者的緊張程度，因此當受測者說的謊話不足以造成他產生緊張感，那麼測謊器就不會有反應，反之，若是受測者是易緊張體質，有可能說實話也會顯示在說謊。

因為以上原因，過去就曾經出現專業測謊器失準而造成的冤案事件，因此目前大多國家的法律都不採用測謊器的結果作為證據，雖然此實驗的準度不是百分之一百，不過倒是可以讓你與朋友之間互相比較，看看誰才是真正的說謊高手。

CHAPTER 04

酒精濃度計

醉不上道

『喝酒不開車，開車不喝酒』，為了避免有人喝酒還開車上路，可能造成嚴重的車禍，因此警方有時會在路中間設置酒測攔檢，當警察發現駕駛人疑似有酒駕行為時，就會拿出一台機器要駕駛人對著它吹一下氣，隨後便能藉由機器上的數據判斷有沒有飲酒過量，這台機器就是酒測計，本章就讓我們來動手自製一個酒測計。

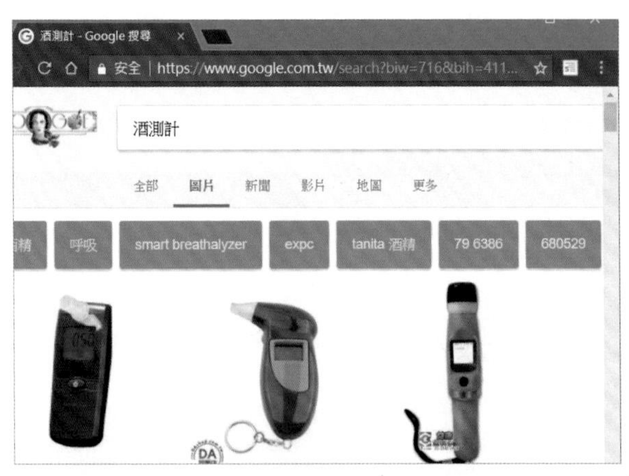

酒測計 - Google 搜尋
安全 | https://www.google.com.tw/search?biw=716&bih=411...
酒測計
全部
圖片
新聞
影片
地圖
更多
呼吸
smart breathalyzer
expc
tanita 酒精
79 6386
680529

4-1 呼氣酒精濃度

呼氣酒精濃度 (breath alcohol concentration, 簡稱 BrAC)，當我們將酒喝進體內後，酒精會迅速地進入我們的血管，約有 95% 會被體內的一連串機制代謝掉，而剩餘的 5% 則會由呼氣、尿液、汗液等等排出，由於肺部有大量的微血管，而酒精又揮發的很快，因此當氣體在肺部進行氧氣交換時，酒精就會隨著呼氣呼出，酒精量佔呼氣體積的比例就是 BrAC，單位是每公升毫克 (mg/L)，是一種化學生理訊號。

4-2 酒精感測器原理

為了量測受測者呼氣中所含有的酒精濃度，我們必須使用氣體感測器，氣體感測氣的種類相當多種，本實驗所選用的是 MQ3 氣體感測器，對於酒精相當敏感，這類感測器我們有時候也會稱呼它為 "**電子鼻**" 或 "**嗅覺感測器**"，MQ3 的原理是：加熱內部的金屬氧化物，當加熱到一定程度時，金屬氧化物表面會吸附酒精等氣體，從而造成內部的半導體導電率改變，這個改變與氣體濃度呈正相關，因此我們只要透過量測其電阻值，就能換算得知當前的酒精濃度。

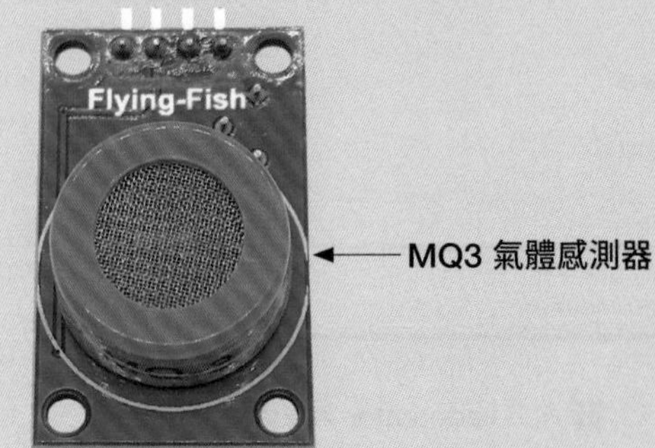

Flying-Fish
MQ3 氣體感測器

Lab04

酒測計

實驗目的	使用 MQ3 氣體感測器和網頁，製作一個酒測計，只要對著酒測計呼氣，網頁就會收到酒精濃度變化的電壓值，並藉此數據判斷受測者有沒有喝酒。
材料	• D1 mini • MQ3 酒精感測器 • 杜邦線若干

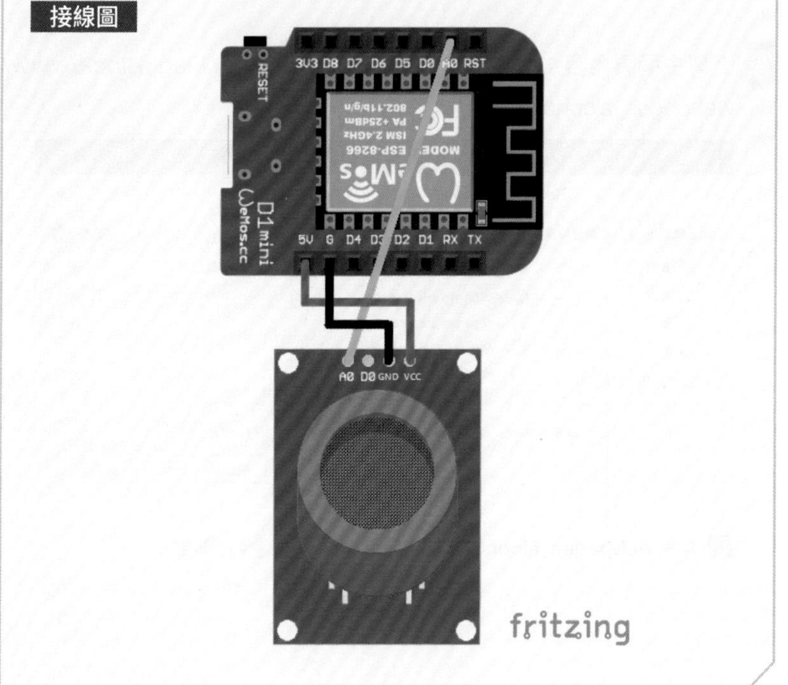
接線圖
3V3 D8 D7 D6 D5 D0 A0 RST
5V G D4 D3 D2 D1 RX TX
D1 mini
A0 D0 GND VCC
fritzing

設計原理

由於 MQ3 已經內建如同第 3 章我們設計的分壓電路，因此只要直接將 MQ3 的輸出腳位 A0 接上 D1 mini 的類比輸入腳位 A0 即可取得電壓值，電壓值越高代表偵測到的酒精濃度越高。

> ⚠ 注意！由於 MQ3 需要進行加熱才能正常使用，因此通電後請先等待 15~20 分鐘後再開始使用。

以下為此實驗搭配的網頁：

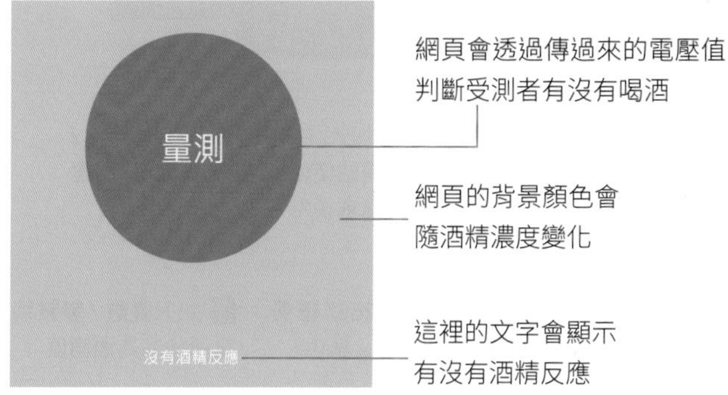
量測
沒有酒精反應
網頁會透過傳過來的電壓值判斷受測者有沒有喝酒
網頁的背景顏色會隨酒精濃度變化
這裡的文字會顯示有沒有酒精反應

設計程式

1 先加入 SETUP 設定積木，然後利用計時的方式來控制之後腳位的讀取頻率：

SETUP 設定
設定 計時 為 開機到現在經過的時間（毫秒）
1 加入流程 /SETUP 設定積木

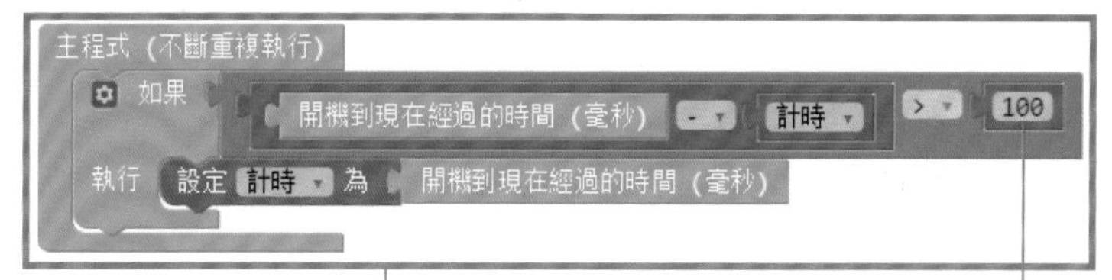
主程式（不斷重複執行）
如果 開機到現在經過的時間（毫秒） - 計時 > 100
執行 設定 計時 為 開機到現在經過的時間（毫秒）

2 加入如圖所示的積木，此設計方式同 LAB3，用來控制腳位讀取數值的頻率，避免太頻繁傳送資料造成網頁無法正常運作

3 輸入 **100**

2 建立無線網路，並啟用網站：

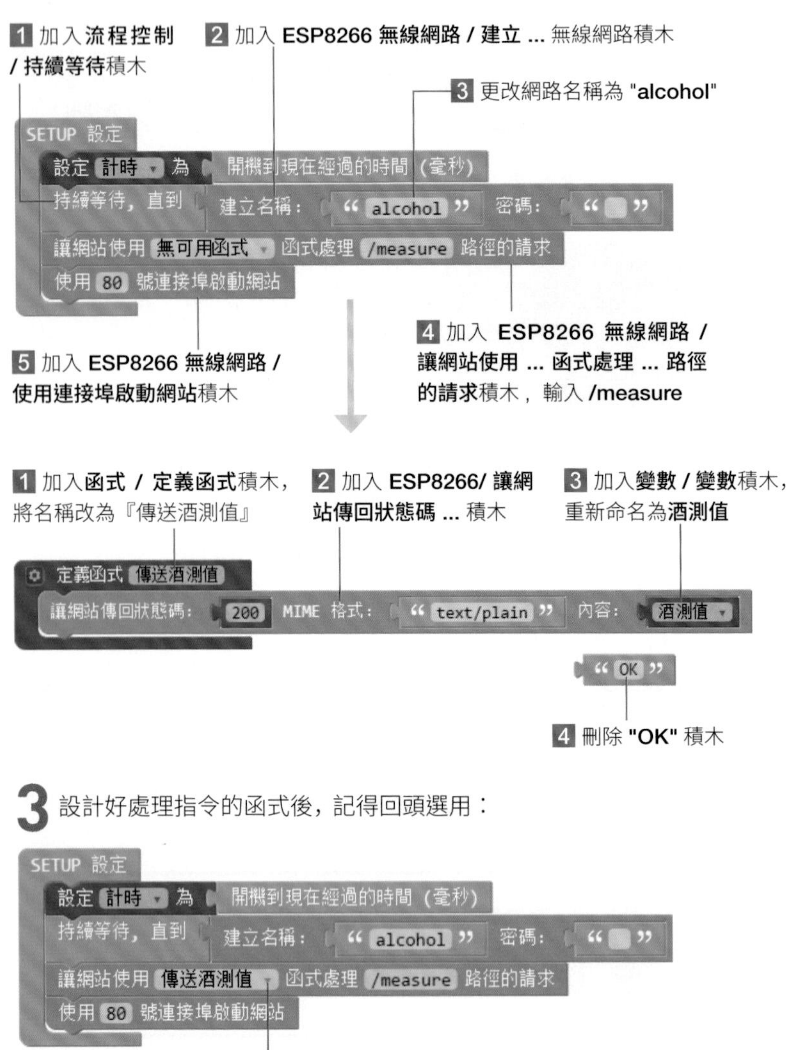

1 加入流程控制 / 持續等待積木
2 加入 ESP8266 無線網路 / 建立 ... 無線網路積木
3 更改網路名稱為 "alcohol"
SETUP 設定
設定 計時 為 開機到現在經過的時間 (毫秒)
持續等待，直到 建立名稱： “alcohol” 密碼： “ ”
讓網站使用 無可用函式 函式處理 /measure 路徑的請求
使用 80 號連接埠啟動網站
5 加入 ESP8266 無線網路 / 使用連接埠啟動網站積木
4 加入 ESP8266 無線網路 / 讓網站使用 ... 函式處理 ... 路徑的請求積木，輸入 /measure
1 加入函式 / 定義函式積木，將名稱改為『傳送酒測值』
2 加入 ESP8266/ 讓網站傳回狀態碼 ... 積木
3 加入變數 / 變數積木，重新命名為酒測值
定義函式 傳送酒測值
讓網站傳回狀態碼： 200 MIME 格式： “text/plain” 內容： 酒測值
“OK”
4 刪除 "OK" 積木
SETUP 設定
設定 計時 為 開機到現在經過的時間 (毫秒)
持續等待，直到 建立名稱： “alcohol” 密碼： “ ”
讓網站使用 傳送酒測值 函式處理 /measure 路徑的請求
使用 80 號連接埠啟動網站
選取剛剛設計的『傳送酒測值』函式

3 設計好處理指令的函式後，記得回頭選用：

4 在主程式中接收指令，並讀取電壓值：

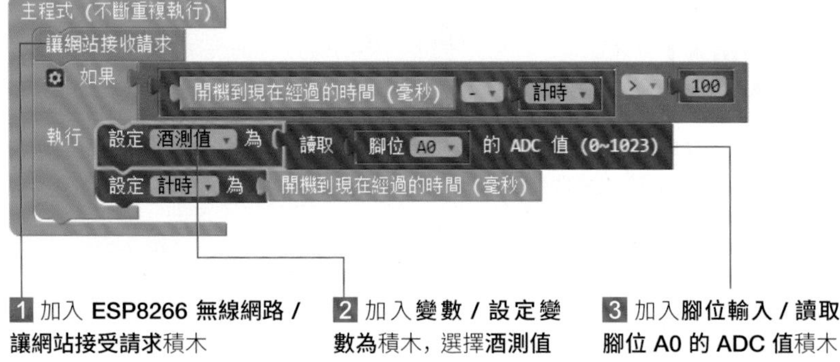

主程式 (不斷重複執行)
讓網站接收請求
如果 開機到現在經過的時間 (毫秒) - 計時 > 100
執行 設定 酒測值 為 讀取 腳位 A0 的 ADC 值 (0~1023)
設定 計時 為 開機到現在經過的時間 (毫秒)
1 加入 ESP8266 無線網路 / 讓網站接受請求積木
2 加入變數 / 設定變數為積木，選擇酒測值
3 加入腳位輸入 / 讀取腳位 A0 的 ADC 值積木

5 上傳主網頁內容：操作方法如同 LAB03，選擇『FlagsBlock/www/webpages_alcohol.h』檔

開啟
FlagsBlock › www
搜尋 www
組合管理 ▾ 新增資料夾
音樂
桌面
圖片
影片
OS (C:)
名稱 修改日期 類型
webpages_alcohol.h 2018/4/10 下午 0... H 檔案
webpages_liedetector.h 2018/4/10 下午 0... H 檔案
webpages_test_ajax2.h 2018/2/26 下午 0... H 檔案
webpages_test_ajax.h 2018/2/26 下午 0... H 檔案
檔案名稱(N): webpages_alcohol.h
H File (.h)
開啟(O)
取消
1 選擇 webpages_alcohol.h 檔
2 按開啟

6 完成後請按右上方的**儲存**鈕存檔為 Lab04。完整的程式如下：

```
SETUP 設定
  設定 計時 為 開機到現在經過的時間 (毫秒)
  持續等待，直到 建立名稱： “alcohol” 密碼： “ ” 頻道： 1 的 ( 隱藏) 無線網路
  讓網站使用 傳送酒測值 函式處理 /measure 路徑的請求
  使用 80 號連接埠啟動網站

定義函式 傳送酒測值
  讓網站傳回狀態碼： 200 MIME 格式： “text/plain” 內容： 酒測值

主程式 (不斷重複執行)
  讓網站接收請求
  如果 開機到現在經過的時間 (毫秒) - 計時 > 100
  執行 設定 酒測值 為 讀取 腳位 A0 的 ADC 值 (0~1023)
       設定 計時 為 開機到現在經過的時間 (毫秒)
```

實測

按右上方的 ▶ 鈕上傳程式後，確保 MQ3 感測器已經**通電 15~20 分鐘以上**，接著請拿出手機或是筆電，嘗試連上程式中建立的 **alcohol** 無線網路，操作方式同 LAB03。

開啟瀏覽器，鍵入網址 "192.168.4.1"

連上的畫面

深吸一口氣後，按著瀏覽器上的**量測**按鈕不放，此時對著 MQ3 上的金屬網狀物大力的吹一長氣，如果有酒精反應，瀏覽器會以顏色及文字來警告受測者有喝酒，放開**量測**鈕便會停止量測數值：

192.168.4.1
有酒精
反應的畫面
量測
你已經爛醉了

⚠ 如果沒有喝酒卻有酒精反應，代表 MQ3 加熱時間不夠長，請延長加熱時間後再進行測試。

要測試此實驗可以不需要真的喝酒，只要拿家中的米酒或消毒用酒精，接近 MQ3 感測器就能模擬喝酒反應。

⚠ 請注意！未成年請勿飲酒，飲酒過量，有害 (礙) 健康。

CHAPTER 05

血氧濃度計

血液的秘密

你知道人體的血液占體重的 13 分之 1 嗎？血液在人體中扮演著相當重要的腳色，它不僅是重要的運輸工具，更是抵禦外敵的英雄，它將氧氣運輸到身體各部位，讓每個細胞可以使用，血液中有足夠的氧氣，細胞才得以正常工作，這一章我們就來製作一個可以量測血液中氧氣含量的裝置。

5-1 什麼是血氧濃度

大家都知道人類是靠氧氣生存的動物，氧氣從肺部吸入後，就會進入我們的血液中，然後再由血液運送至全身上下，血液中有足夠的氧氣量我們才有健康的身體，血氧濃度顧名思義就是氧氣占血液中的比例，表示這個數值的方法有：**血氧含量**、**血氧容量**及**血氧飽和度**。血液中充滿了**血紅素**，為了運輸氧氣，它會與氧氣結合形成**氧合血紅素**，而血氧飽和度就是計算氧合血紅素占總血紅素容量的百分比，其中血氧飽和度又分為以下兩種：

1. **SaO2**：直接抽取動脈血管中的血液進行分析，正常值是 97%~100%，數值正常的話代表肺部的氧氣交換功能是正常的。
2. **SpO2**：利用儀器以非侵入的方式取得周邊血管內的血氧飽和度，正常值需大於 94%，數值正常不僅代表肺部交換氧氣功能沒問題，也表示心臟有正常能力得以將含氧血運輸到周邊組織。

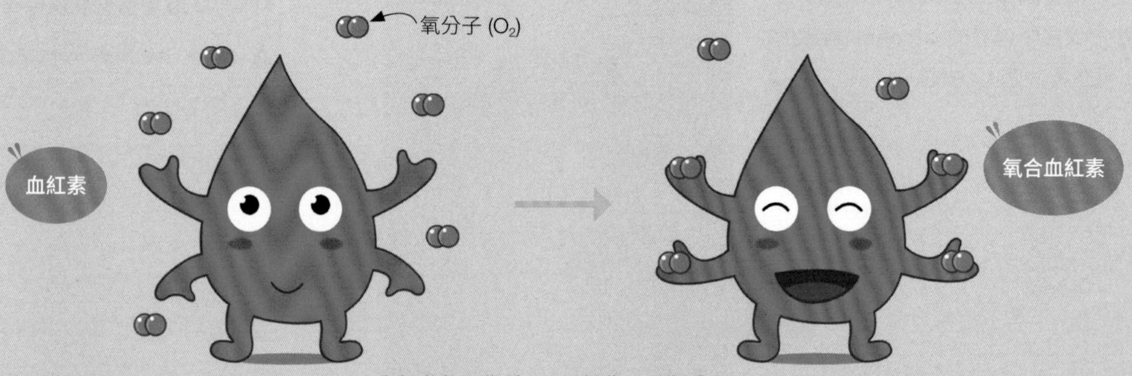
氧分子 (O_2)
血紅素
氧合血紅素

血紅素有 4 隻手，可以抓住 4 個氧分子

5-2 如何量測 SpO2

SpO2 是一種非侵入式連續量測血氧濃度的方法，原理是利用血紅素與氧合血紅素對不同的光有不同的吸收率來達成的。

血紅素比氧合血紅素更偏好吸收紅光，而氧合血紅素則是更喜歡吸收紅外光，因此只要同時對血液發出兩種光，再利用感光器接收被兩種血紅素吸收後，剩餘的反射光，就能利用公式計算出血氧飽和度。SpO2 有兩種量測方式，一種是**穿透式量測法**，通常會用夾子狀的東西夾住手指，上方為紅光與紅外光發射器，下方為感光器，常用於醫院中；另一種是**反射式量測法**，發射器與感光器都放在同一側，直接將皮膚接觸量測裝置即可，常用於一般的健康手環。

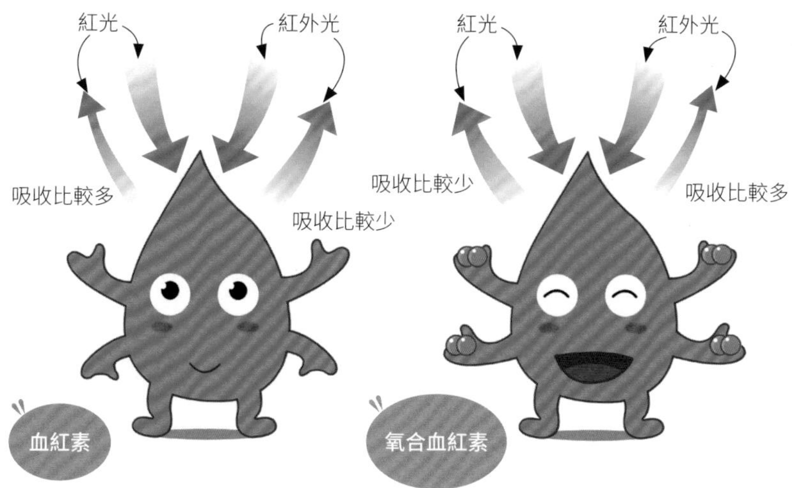
紅光
紅外光
吸收比較多
吸收比較少
血紅素
紅光
紅外光
吸收比較少
吸收比較多
氧合血紅素

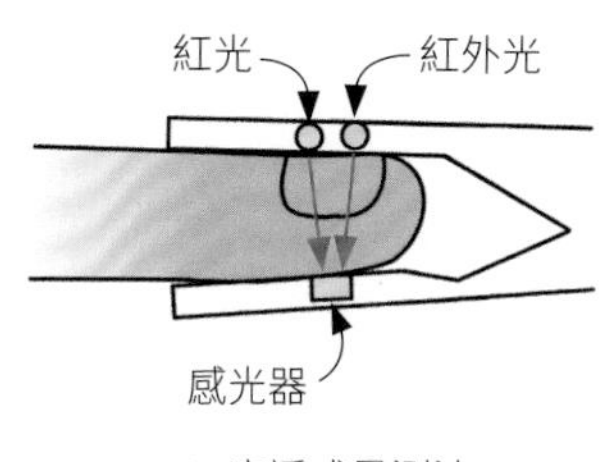
紅光
紅外光
感光器

▲ 穿透式量測法

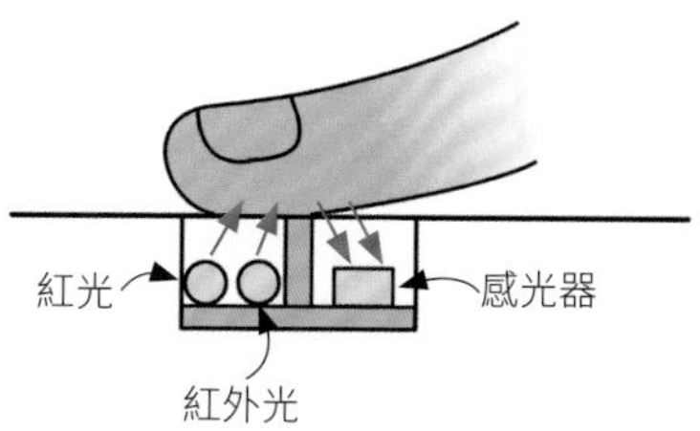
紅光
感光器
紅外光

▲ 反射式量測法

本套件使用的是**反射式量測法**，利用的感測器是 MAX30100，在 Flag's Block 中要取得這個數值相當簡單，只要使用**感測器**類別中的**取得 MAX30100 血氧濃度**積木即可：

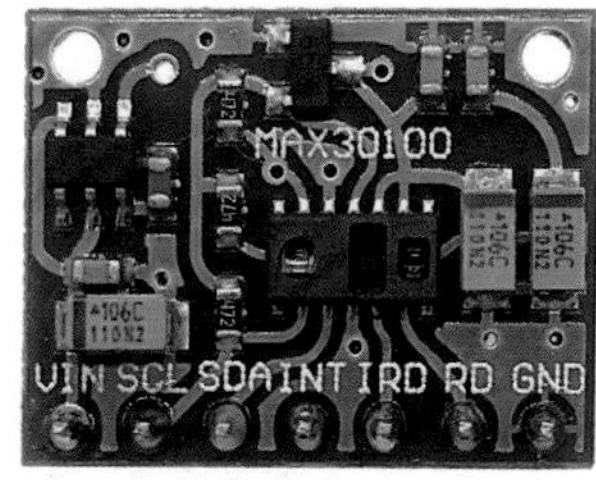
MAX30100
VIN SCL SDA INT IRD RD GND

▲ MAX30100 感測器

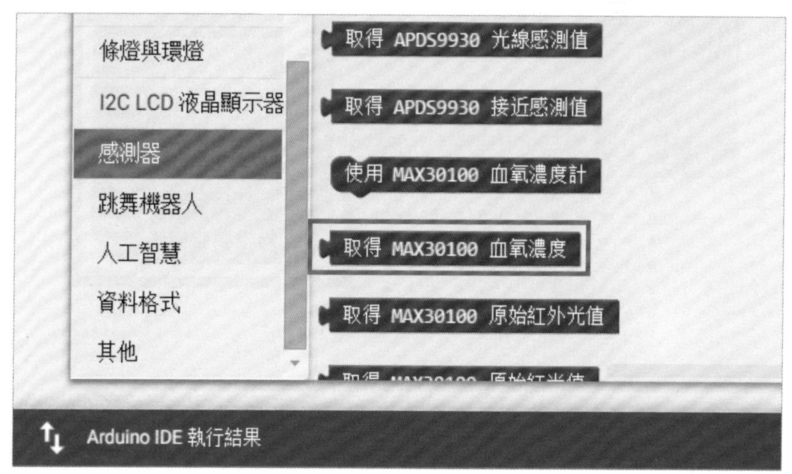
條燈與環燈
I2C LCD 液晶顯示器
感測器
跳舞機器人
人工智慧
資料格式
其他
取得 APDS9930 光線感測值
取得 APDS9930 接近感測值
使用 MAX30100 血氧濃度計
取得 MAX30100 血氧濃度
取得 MAX30100 原始紅外光值
Arduino IDE 執行結果

Lab05

血氧濃度計

實驗目的	利用 MAX30100，量測手指反射的紅光值與紅外光值，並計算出血氧飽和度，再透過網頁呈現出當前的數值，製作一個血氧濃度計。
材料	• D1 mini • MAX30100 感測器 • 麵包板 • 杜邦線若干

接線圖

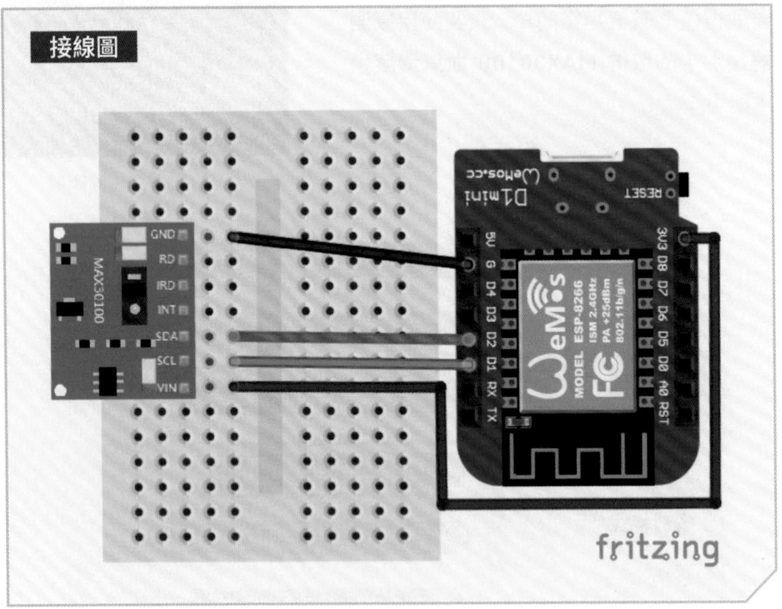
fritzing

設計原理

MAX30100 感測器是採用 I²C 作為通訊介面，I²C 是 Inter-Integrated Circuit 的縮寫，正式的唸法是 "I-Square-C"，即『I 平方 C』的意思，有人簡化念成『I 方 C』，但一般人多習慣用 I2C 表示，直接唸做 "I-Two-C"。I²C 是飛利浦公司開發，具備簡單、低成本、低功耗等優點，目前已被廣泛使用並成為通訊標準之一。

I²C 由 SDA (Serial Data，資料) 和 SCL (Serial Clock，時脈) 兩條線所構成，只要使用兩條線就可以串接裝置：

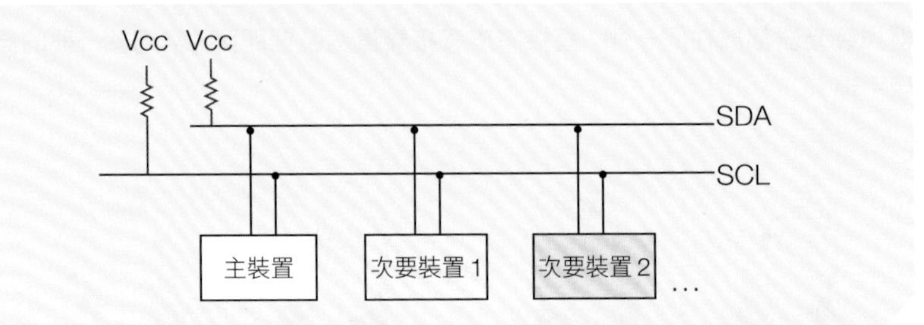
Vcc
Vcc
SDA
SCL
主裝置
次要裝置 1
次要裝置 2
...

在 D1 mini 相容開發板上，是以 D1、D2 腳位做為 I²C 的 SCL、SDA 腳位 (其它開發板可能使用不同腳位)。所以使用 I²C 介面的裝置時，必須將裝置 SDA、SCL 腳位依序連接到 D2、D1 腳位，不能任意更換到其他腳位。

以下為此實驗搭配的網頁：

網頁會接收 D1 mini 傳過來的數值，並顯示在這

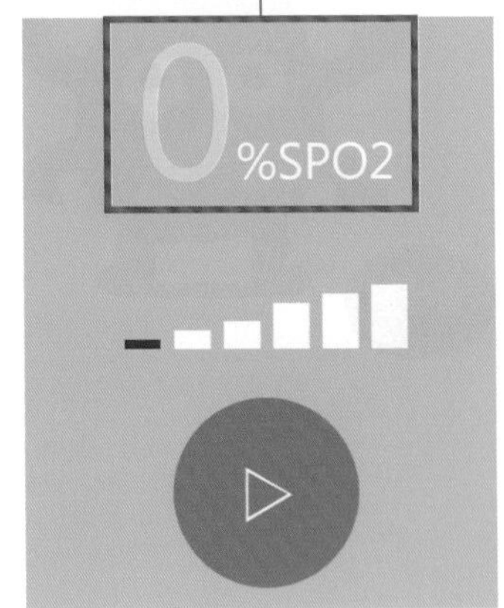
0
%SPO2

設計程式

1 先加入 **SETUP 設定**積木，然後利用計時的方式來控制之後腳位的讀取速度：

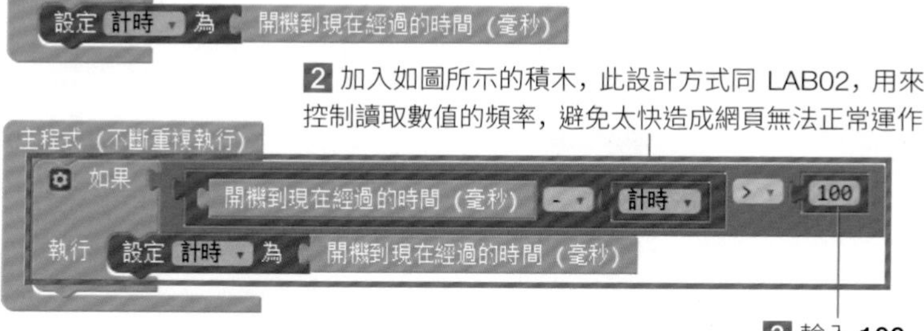
1 加入流程 /SETUP 設定積木
SETUP 設定
設定 計時 為 開機到現在經過的時間（毫秒）
2 加入如圖所示的積木，此設計方式同 LAB02，用來控制讀取數值的頻率，避免太快造成網頁無法正常運作
主程式（不斷重複執行）
如果 開機到現在經過的時間（毫秒） - 計時 > 100
執行 設定 計時 為 開機到現在經過的時間（毫秒）
3 輸入 100

2 設計處理網頁指令的函式：

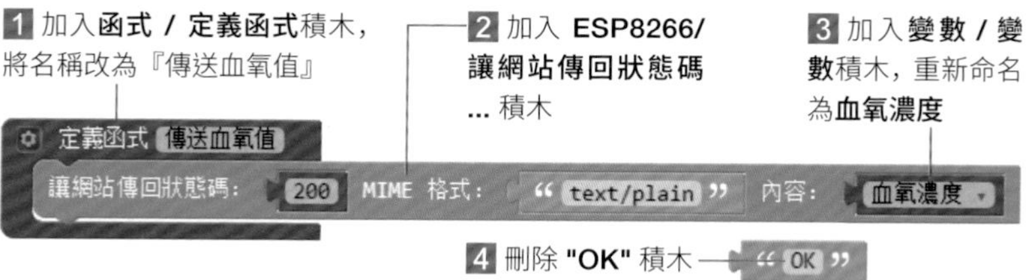
1 加入函式 / 定義函式積木，將名稱改為『傳送血氧值』
2 加入 ESP8266/ 讓網站傳回狀態碼 ... 積木
3 加入變數 / 變數積木，重新命名為血氧濃度
定義函式 傳送血氧值
讓網站傳回狀態碼： 200 MIME 格式： " text/plain " 內容： 血氧濃度
4 刪除 "OK" 積木
" OK "

3 建立無線網路，並啟用網站：

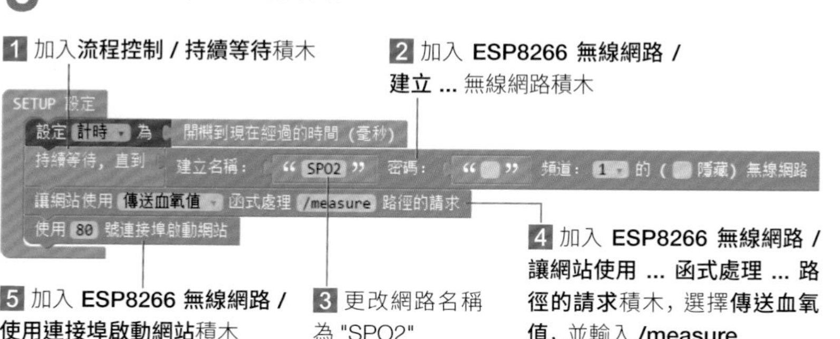
1 加入流程控制 / 持續等待積木
2 加入 ESP8266 無線網路 / 建立 ... 無線網路積木
SETUP 設定
設定 計時 為 開機到現在經過的時間（毫秒）
持續等待，直到 建立名稱： " SPO2 " 密碼： " " 頻道： 1 的（ 隱藏）無線網路
讓網站使用 傳送血氧值 函式處理 /measure 路徑的請求
使用 80 號連接埠啟動網站
4 加入 ESP8266 無線網路 / 讓網站使用 ... 函式處理 ... 路徑的請求積木，選擇傳送血氧值，並輸入 /measure
5 加入 ESP8266 無線網路 / 使用連接埠啟動網站積木
3 更改網路名稱為 "SPO2"

4 在主程式中接收指令，並取得血氧濃度值：

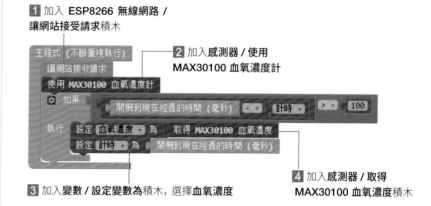

1 加入 ESP8266 無線網路 / 讓網站接受請求積木
主程式（不斷重複執行）
讓網站接收請求
使用 MAX30100 血氧濃度計
如果 開機到現在經過的時間（毫秒） - 計時 > 100
執行 設定 血氧濃度 為 取得 MAX30100 血氧濃度
設定 計時 為 開機到現在經過的時間（毫秒）
2 加入感測器 / 使用 MAX30100 血氧濃度計
3 加入變數 / 設定變數為積木，選擇血氧濃度
4 加入感測器 / 取得 MAX30100 血氧濃度積木

5 上傳主網頁內容：

操作方法如同 LAB03，選擇『FlagsBlock/www/ webpages_SPO2.h』檔

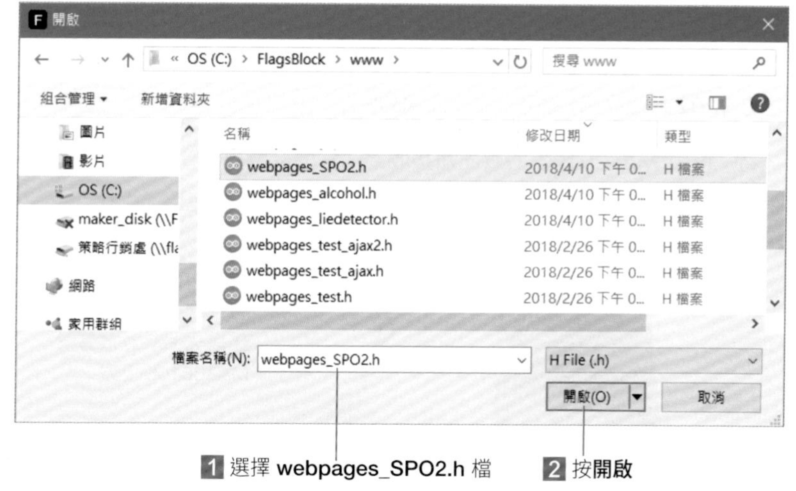
開啟
OS (C:) > FlagsBlock > www >
搜尋 www
組合管理 新增資料夾
名稱 修改日期 類型
webpages_SPO2.h 2018/4/10 下午 0... H 檔案
webpages_alcohol.h 2018/4/10 下午 0... H 檔案
webpages_liedetector.h 2018/4/10 下午 0... H 檔案
webpages_test_ajax2.h 2018/2/26 下午 0... H 檔案
webpages_test_ajax.h 2018/2/26 下午 0... H 檔案
webpages_test.h 2018/2/26 下午 0... H 檔案
檔案名稱(N): webpages_SPO2.h
H File (.h)
開啟(O) 取消
1 選擇 webpages_SPO2.h 檔
2 按開啟

6 完成後請按右上方的**儲存**鈕存檔為 Lab05。完整的程式如下：

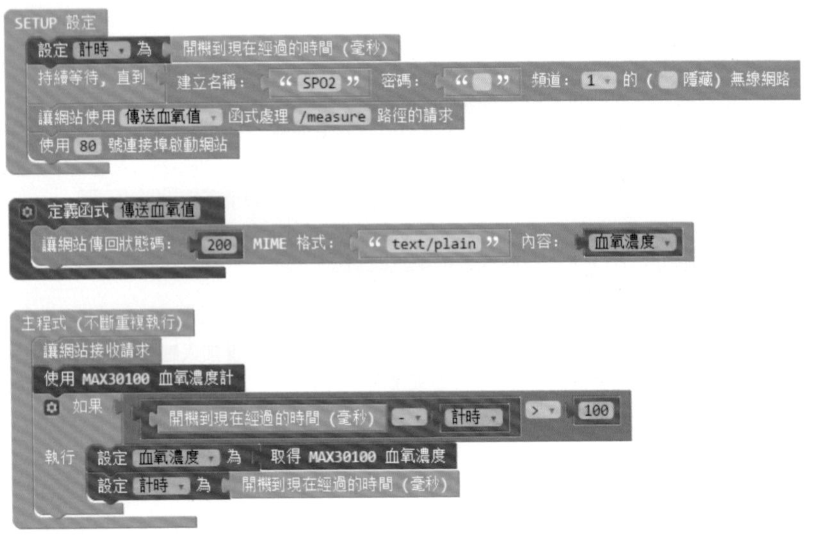
SETUP 設定
設定 計時 為 開機到現在經過的時間（毫秒）
持續等待，直到 建立名稱： " SPO2 " 密碼： " " 頻道： 1 的（ 隱藏）無線網路
讓網站使用 傳送血氧值 函式處理 /measure 路徑的請求
使用 80 號連接埠啟動網站
定義函式 傳送血氧值
讓網站傳回狀態碼： 200 MIME 格式： " text/plain " 內容： 血氧濃度
主程式（不斷重複執行）
讓網站接收請求
使用 MAX30100 血氧濃度計
如果 開機到現在經過的時間（毫秒） - 計時 > 100
執行 設定 血氧濃度 為 取得 MAX30100 血氧濃度
設定 計時 為 開機到現在經過的時間（毫秒）

實測

按右上方的 ▶ 鈕上傳程式後，請拿出手機或是電腦，嘗試連上程式中建立的 **SPO2** 無線網路，操作方式同 LAB03。

為了避免 MAX30100 的感光器接收到過多的反射光，造成無法正常呈現訊號，因此我們要在感測器上面放置一塊遮光片。只要用包裝 D1 mini 的防靜電袋，就可以自製遮光片：

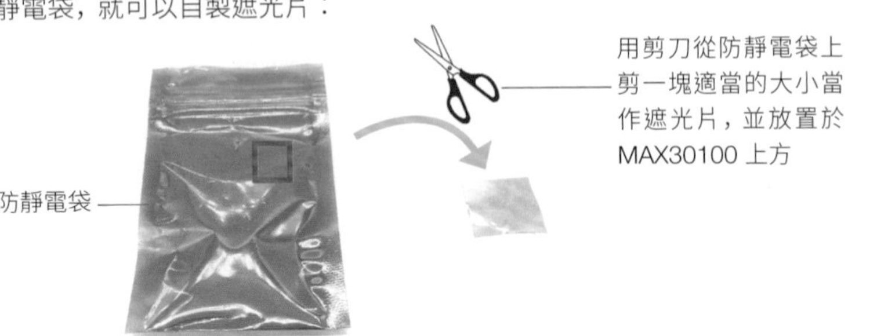
用剪刀從防靜電袋上剪一塊適當的大小當作遮光片，並放置於 MAX30100 上方
防靜電袋

開啟瀏覽器，鍵入網址 "192.168.4.1"，按下瀏覽器上的 ▷ 鈕，將要量測的手掌攤平，隔著遮光片，以食指**水平**的放於 MAX30100 感測器的紅光和感光器上，接著網頁就會顯示當前所量測到的血氧濃度值：

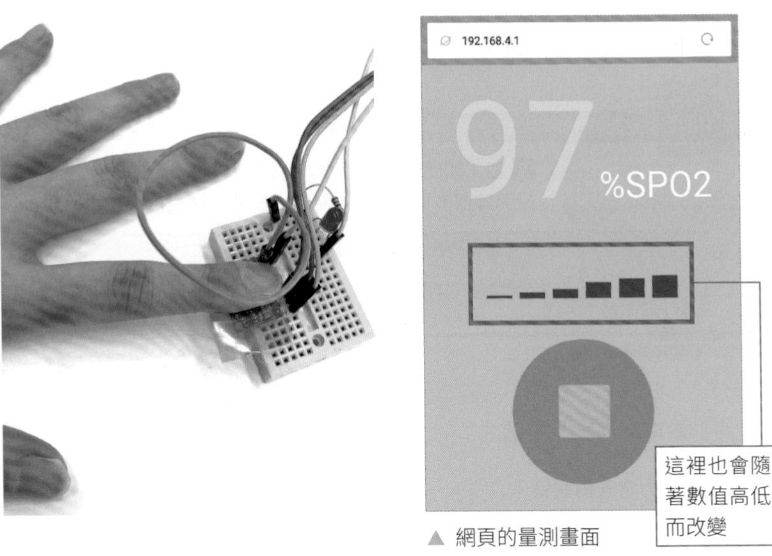
192.168.4.1
97
%SPO2
這裡也會隨著數值高低而改變

▲ 網頁的量測畫面

錯誤排除 如果發現 MAX30100 的紅光沒有亮起，代表初始化失敗，請進以下步驟進行錯誤排除：

1. 先將連接 3V3 的線拔起後再重新插入
2. 按 D1 mini 上的 reset 鈕。

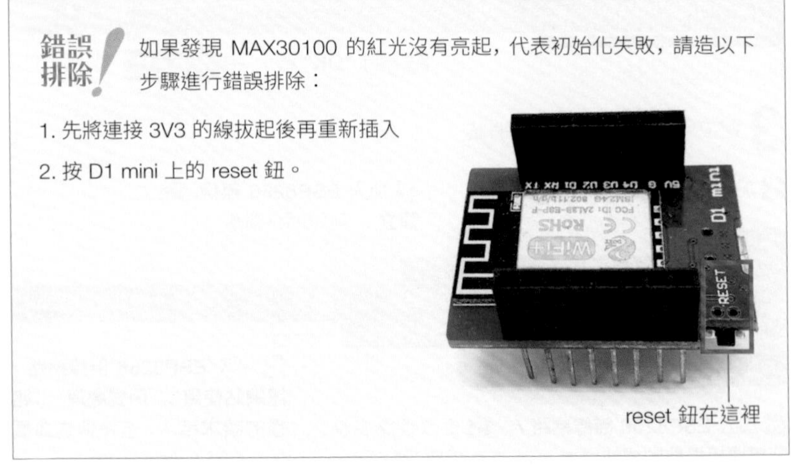
D1 mini
RESET
reset 鈕在這裡

CHAPTER 06

類神經網路 生醫 2.0 - AI

前幾個實驗中，因為是使用比較基本的訊號，所以在應用上沒什麼大問題，但後續的實驗，我們開始需要導入一些複雜的技術，例如要從心電圖算出心跳次數，就得使用：濾波處理、峰值偵測等等，這些技術如同第一章所說，要許多的數學模型及公式才能完成，因此我們將在這一章，學習如何使用 AI，讓他來幫我們解決這些難題。

6-1 AI 的發展與侷限

AI 是**人工智慧 (Artificial Intelligence)** 的縮寫，這個名詞來自於達特矛斯會議，主要的意思是：「讓機器的行為，看起來像是人所表現的智慧行為一樣」。

早在電腦發明前，就有不少人想用機器來解決問題，自從電腦被發明後，大家就更著手在讓電腦解決複雜的問題，而使用電腦來模擬人類的智慧便成為了我們最大的夢想。一直以來要教會電腦做一件事，就要使用程式語言，許多學者都在這個領域投入不少研究時間，例如，解方程式、讓機器走迷宮、自動化控制，很快的，電腦可以處理的問題越來越多，大多問題，都能靠著分析、轉換成程式語言，再輸入進電腦，有了大家的努力，電腦也越來越有智慧。

然而眾人逐漸發現一個問題，每次要教會電腦一個技能，就要花很多的時間與力氣，將我們熟知的解法翻譯成複雜的程式語言，而且如果今天我們不知道問題的解法，那麼就意味著電腦也不可能學會了。這樣聽起來，不免讓人有些失望，這可不是我們嚮往的未來世界啊！按造這種作法，電腦永遠都不可能到達人類的境界，更遑論什麼智慧了，如果就這樣發展下去，AI 可能會被眾人遺忘，變成不可能實現的夢想。

6-2 AI 的革命

這種一個口令，一個動作的方法，顯然不能長久，於是有人提出了新的看法，與其告訴電腦每個對應的指令，何不建造一個大腦給它，讓它有能力自我學習，這樣一來，只要給它足夠的學習資料和學習時間，它就會自己找到解決的方法，這個方法就稱為**機器學習**。

以前的 AI
如果…你就…
是的！
工程師
現在的 AI
讓它自己學吧！

6-3 AI 的大腦 - 類神經網路

為了幫電腦建造一個能學習的大腦，有人想到可以利用程式來模擬神經元，神經元是生物用來傳遞訊號的構造，又稱為神經細胞，正是因為有它的存在，我們才可以感覺到周遭的環境、做出動作。神經元主要是由樹突、軸突、突觸所構成的，樹突負責接收訊號，軸突負責傳送，突觸則是將訊號傳向下一個目的地。

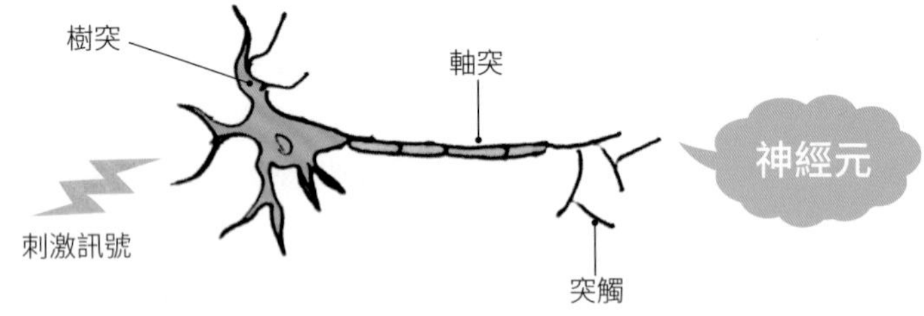
樹突
軸突
神經元
刺激訊號
突觸

科學家利用這個原理，設計出一個模型來模擬神經元的運作，讓電腦也有如同生物般的神經細胞，這就稱為**類神經網路**。最早的類神經網路如同下圖，這樣的構造又稱為**感知器**：

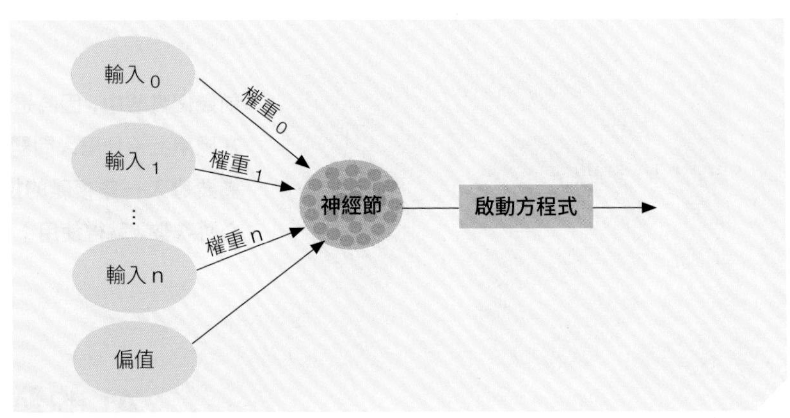
輸入 0
權重 0
輸入 1
權重 1
輸入 n
權重 n
偏值
神經節
啟動方程式

▲ 感知器 (單層神經網路)

感知器有幾個重要的參數，分別是：**輸入**、**輸出**、**權重**及**偏值**，輸入就是指輸入問題，感知器中可以放入很多輸入，輸入的數量要依問題來決定；輸出就是解答；而權重和偏值就是要訓練的參數，其中權重會與輸入的數量一致，偏值則只有 1 個。

感知器的運作原理是把所有的輸入項分別乘上權重後再傳入神經節，偏值會直接傳入神經節，神經節會把所有傳入的值相加後，通過啟動方程式再傳給輸出，用數學式子可以表示成：

$$\text{輸出} = \text{啟動方程式}(\text{輸入}_0 \times \text{權重}_0 + \text{輸入}_1 \times \text{權重}_1 + \cdots + \text{輸入}_n \times \text{權重}_n + \text{偏值})$$

以下讓我們直接透過實驗來了解它的原理。

Lab06

實作感知器

實驗目的	透過感知器來解決實際問題，並了解它的運作原理。
材料	D1 mini

問題

科學家觀測一顆在宇宙中等速飛行的小彗星，然而大約半小時前它被另一顆彗星撞到，撞擊的半小時後科學家開始計時，發現計時 1 個小時後，它與原本的軌道偏移了 3 公尺，計時 2 個小時後，它與原軌道偏移了 5 公尺，那麼計時 10 個小時後，它會偏離幾公尺呢？(假設小彗星恆等速且行徑軌道恆為直線)

⚠ 如果讀者數學不錯的話，可能會覺得此問題相當簡單，甚至看一眼就知道答案了，不過為了讓讀者理解神經網路的原理，所以在此使用較為單純的問題，而且尚未學習的 AI，可是如同什麼都不會的小孩，我們可以從這個例子看出，即使它一開始連數學的列式都不會，還是能用自己的方式找到答案！

設計原理

架構 AI 類神經網路有 3 個必備動作，分別是：定義、準備訓練資料以及訓練：

定義網路

定義網路就是設計網路的結構，而網路的結構取決於要解決的問題，我們可以回顧一下剛剛遇到的問題，把它畫成以下的圖來表示：

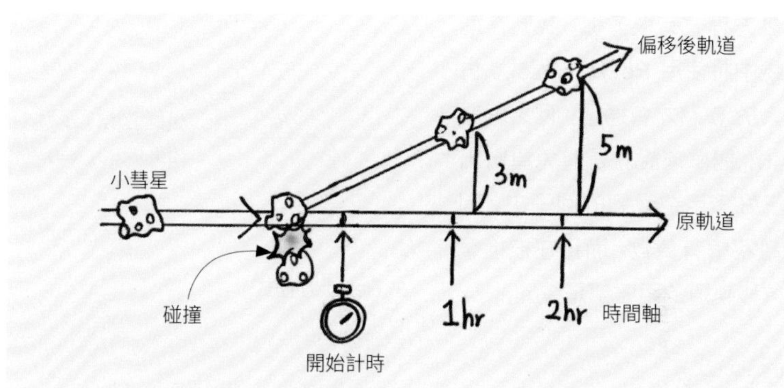
偏移後軌道
5m
3m
小彗星
原軌道
碰撞
開始計時
1hr
2hr
時間軸

從問題中我們得知，這個網路必須輸入計時的時間後，輸出彗星偏移軌道的距離，因此它的輸入項只有一個，那麼我們就知道它前半段的結構會如同右圖：

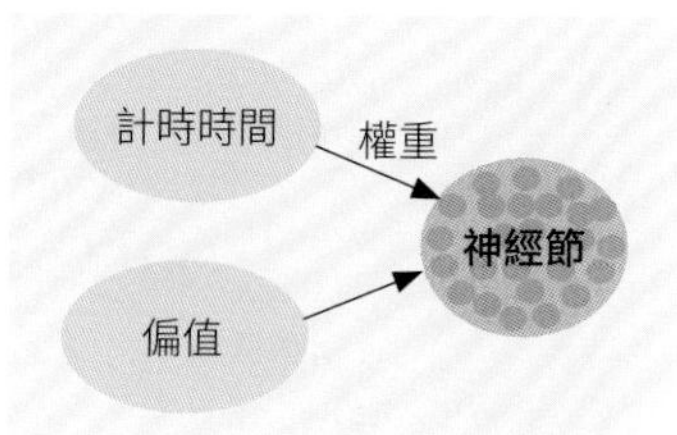
計時時間
權重
神經節
偏值

到目前為止我們可以得知神經節的數學式子為：

神經節 = 計時時間 × 權重 + 偏值

接著後半段的結構要加入**啟動方程式**，這個方程式放在神經網路的最後方，用來模擬生物細胞的閥值，當外界訊號進入神經元後，只有大於閥值的訊號才有效用，能夠被傳出，否則視同無訊號，這在生物學中稱為 "**全有全無定律**"。

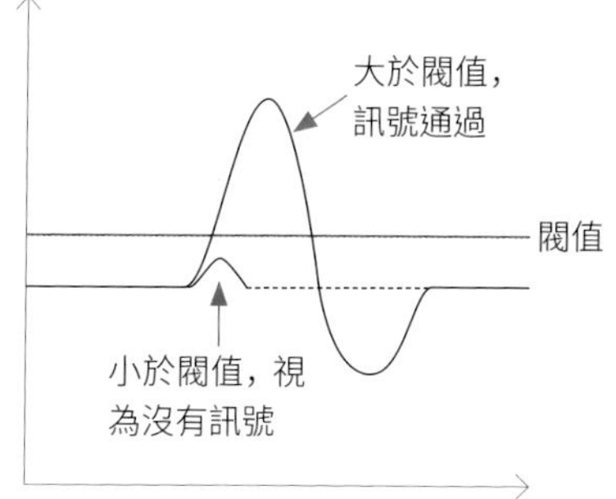
大於閥值，
訊號通過
閥值
小於閥值，視
為沒有訊號

啟動方程式有很多種，我們在這個實驗中將使用 **ReLU** 方程式，也就是大於 0 時才會通過，反之就是等於 0，簡單來說就是避免負數出現，正好適用在我們的例子中，因為距離不會有負數，而且在被撞擊前，偏移軌道的距離都是零。

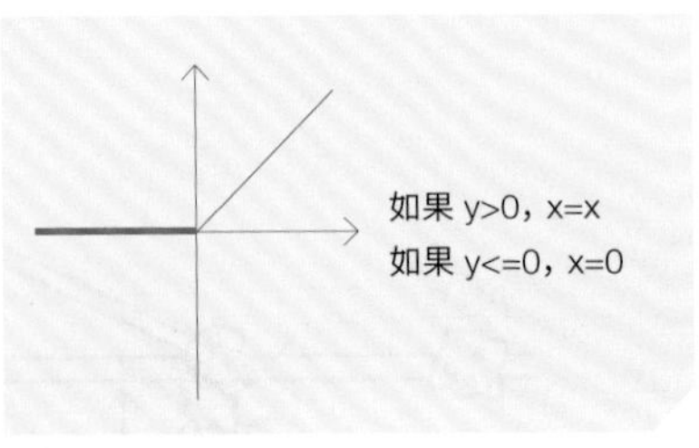

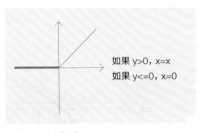

如果 y>0，x=x
如果 y<=0，x=0

▲ ReLU 方程式

有了啟動方程式後，完整的結構就如同下圖：

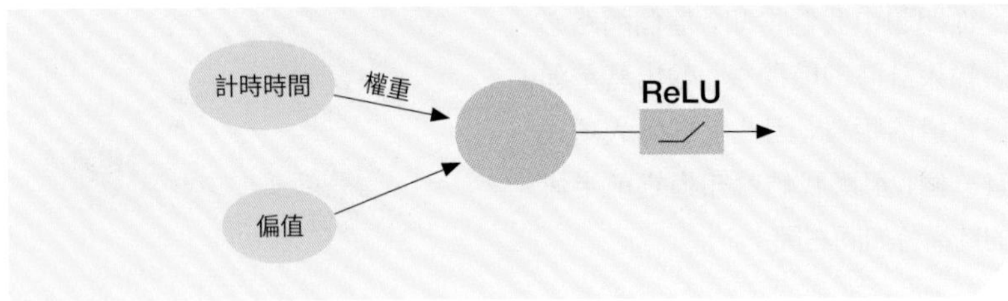

計時時間
權重
ReLU
偏值

這樣一來就完成了網路的定義，數學式子可以寫成：

偏移距離 = ReLU(計時時間 × 權重 + 偏值)

↑ 如果小於 0 就等於 0

準備訓練資料

訓練資料是指已知的輸入與對應的輸出，從問題中，我們知道計時 1 個小時是偏移 3 公尺，2 個小時是 5 公尺，這就是訓練資料，通常越多輸入項的網路也需要越多組訓練資料才能訓練出有效的網路。

訓練資料 = (1,3)、(2,5)

訓練

訓練神經網路就是讓 AI 自我學習，目的是求出未知的權重和偏值。由於 AI 一開始什麼都不會，因此權重和偏值一定都是錯誤的，所以輸出的答案也是不對的，然而它會比對你給的訓練資料，並且進行調整，直到它的答案與你給的訓練資料一致：

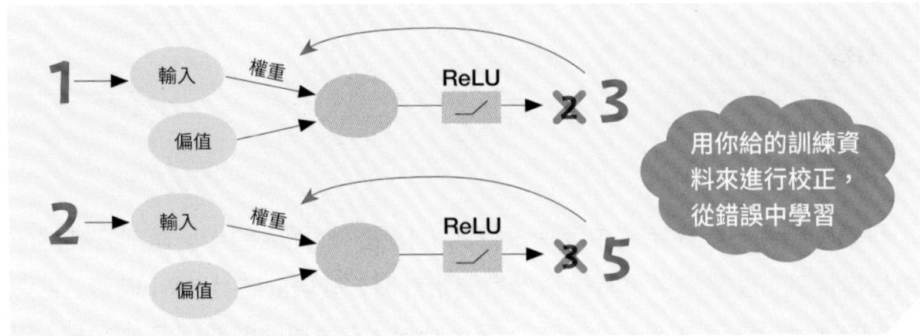

1
輸入
權重
偏值
ReLU
2
3
2
輸入
權重
偏值
ReLU
3
5
用你給的訓練資料來進行校正，從錯誤中學習

在訓練時不僅要放入剛剛準備的訓練資料，還要設定學習次數與學習效率：

- **學習次數**：AI 與人不同之處在於，它不像我們解聯立方程式一樣，只要幾行運算就搞定，它是利用每次微微的調整來找出答案，因此它需要進行上千次以上的運算，即便如此，由於電腦有超快速的運算能力，因此還是能快速解決。

- **學習效率**：學習效率用來控制 AI 的學習速度與學習效果，這個數值必須介於 0~1，它的設定相當重要，當數值越靠近 1 代表：AI 每次調整權重和偏值的幅度相當大，也表示它會學習的越快，但有可能學習效果會很差、甚至解不出正確答案；反之：如果數值越靠近 0，AI 會學習的越慢，但學習效果越好。另外，學習效率與學習次數息息相關，當學習效率設定比較小時，學習次數也應該跟著提升。

到這裡我們就知道如何架構一個完整的神經網路了，以下就讓我們用程式來實作。

設計程式

1 定義神經網路：

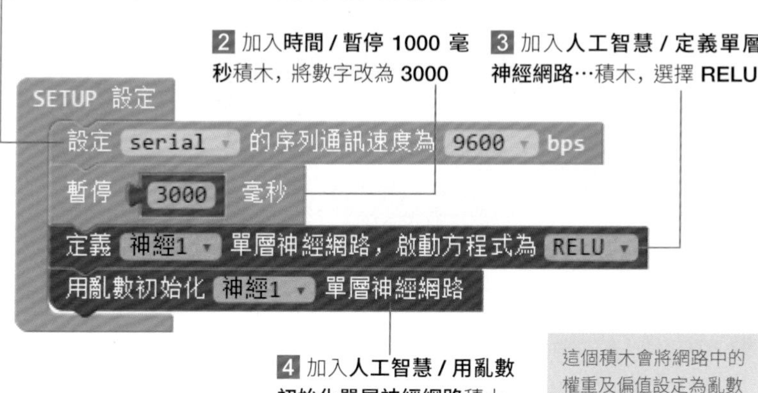
1 加入**序列通訊 / 設定 serial 的序列通訊速度**積木
2 加入**時間 / 暫停 1000 毫秒**積木，將數字改為 3000
3 加入**人工智慧 / 定義單層神經網路…**積木，選擇 RELU
SETUP 設定
設定 serial 的序列通訊速度為 9600 bps
暫停 3000 毫秒
定義 神經1 單層神經網路，啟動方程式為 RELU
用亂數初始化 神經1 單層神經網路
4 加入**人工智慧 / 用亂數初始化單層神經網路**積木
這個積木會將網路中的權重及偏值設定為亂數

2 顯示 AI 學習前，計時 2 小時對應的數值：

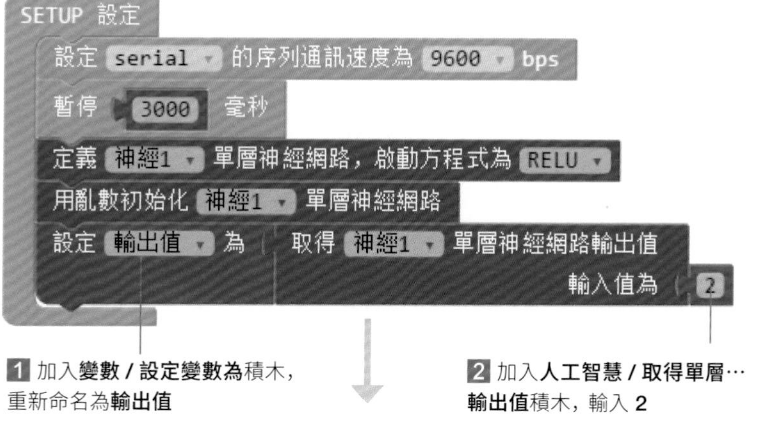
SETUP 設定
設定 serial 的序列通訊速度為 9600 bps
暫停 3000 毫秒
定義 神經1 單層神經網路，啟動方程式為 RELU
用亂數初始化 神經1 單層神經網路
設定 輸出值 為 取得 神經1 單層神經網路輸出值
輸入值為 2
1 加入**變數 / 設定變數為**積木，重新命名為**輸出值**
2 加入**人工智慧 / 取得單層…輸出值**積木，輸入 2

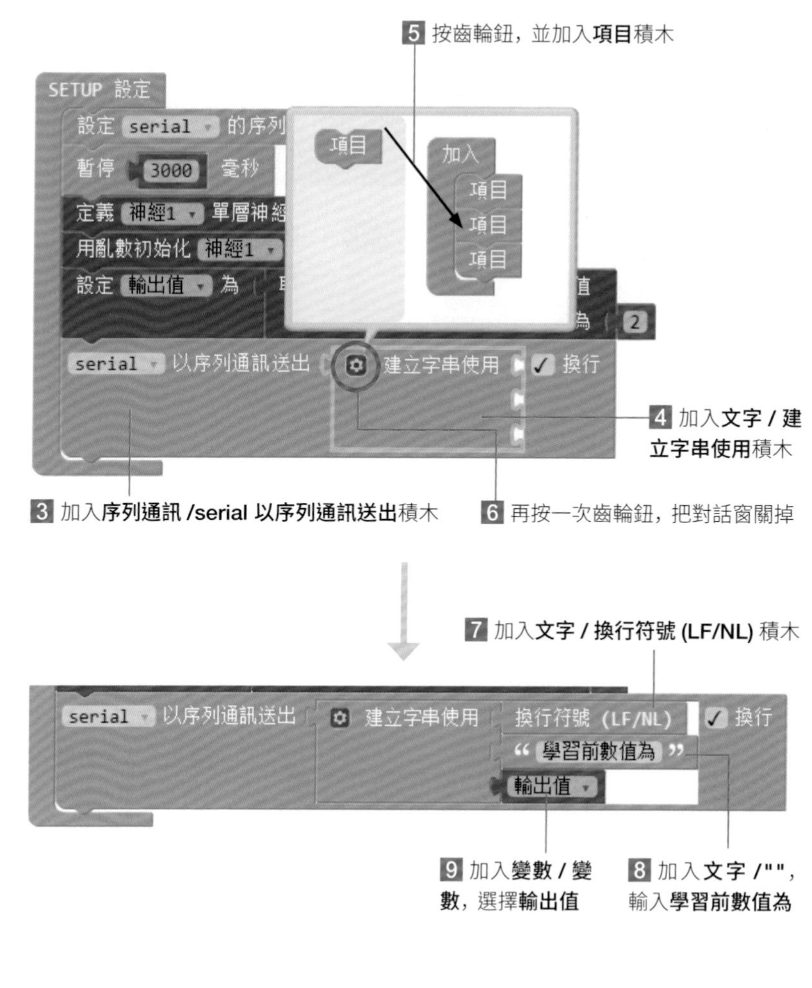
5 按齒輪鈕，並加入**項目**積木
SETUP 設定
設定 serial 的序列
暫停 3000 毫秒
項目
加入
項目
項目
項目
serial 以序列通訊送出 建立字串使用 換行
4 加入**文字 / 建立字串使用**積木
3 加入**序列通訊 /serial 以序列通訊送出**積木
6 再按一次齒輪鈕，把對話窗關掉
7 加入**文字 / 換行符號 (LF/NL)** 積木
serial 以序列通訊送出 建立字串使用 換行符號 (LF/NL) 換行
“ 學習前數值為 ”
輸出值
9 加入**變數 / 變數**，選擇**輸出值**
8 加入**文字 / " "**，輸入**學習前數值為**

3 訓練神經網路：

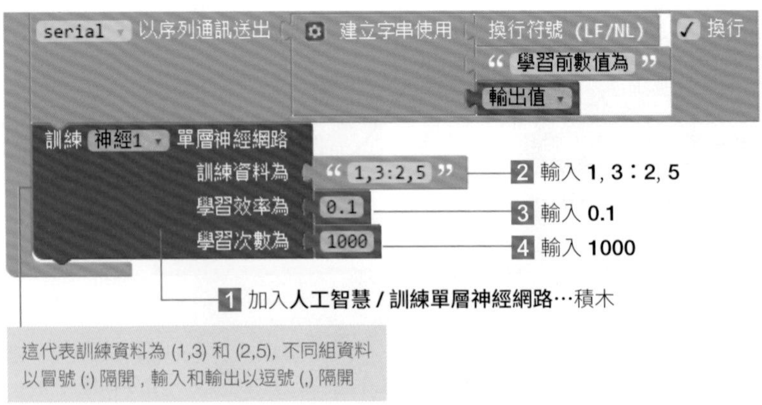

serial 以序列通訊送出 建立字串使用 換行符號 (LF/NL) 換行
" 學習前數值為 "
輸出值
訓練 神經1 單層神經網路
訓練資料為 " 1,3:2,5 "
學習效率為 0.1
學習次數為 1000
2 輸入 1, 3：2, 5
3 輸入 0.1
4 輸入 1000
1 加入人工智慧 / 訓練單層神經網路…積木
這代表訓練資料為 (1,3) 和 (2,5)，不同組資料以冒號 (:) 隔開，輸入和輸出以逗號 (,) 隔開

設定學習效率為 0.1，並讓網路自主訓練 1000 次。

4 顯示 AI 學習後，計時 2 小時對應到的數值：

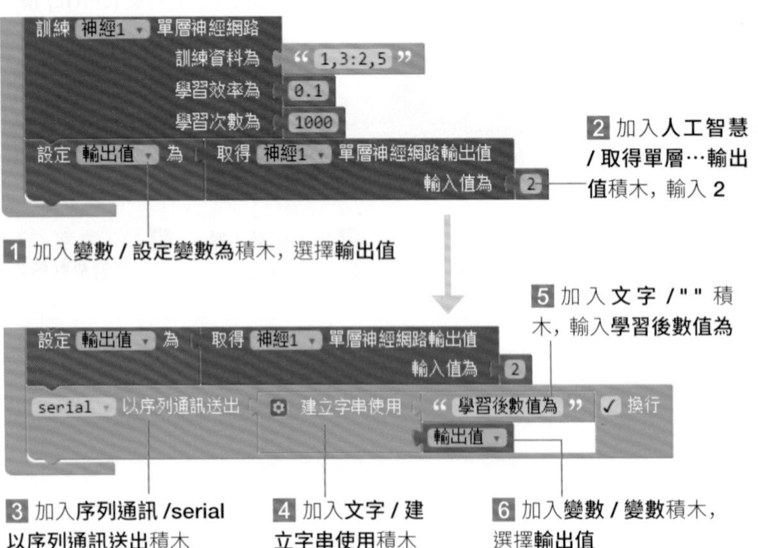

訓練 神經1 單層神經網路
訓練資料為 " 1,3:2,5 "
學習效率為 0.1
學習次數為 1000
設定 輸出值 為 取得 神經1 單層神經網路輸出值
輸入值為 2
2 加入人工智慧 / 取得單層…輸出值積木，輸入 2
1 加入變數 / 設定變數為積木，選擇輸出值
5 加入文字 / " " 積木，輸入學習後數值為
設定 輸出值 為 取得 神經1 單層神經網路輸出值
輸入值為 2
serial 以序列通訊送出 建立字串使用 " 學習後數值為 " 換行
輸出值
3 加入序列通訊 /serial 以序列通訊送出積木
4 加入文字 / 建立字串使用積木
6 加入變數 / 變數積木，選擇輸出值

5 顯示我們要知道的答案：

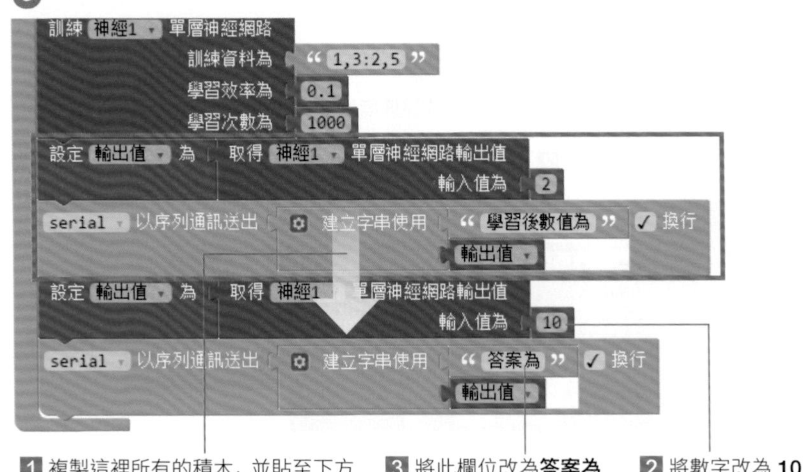

訓練 神經1 單層神經網路
訓練資料為 " 1,3:2,5 "
學習效率為 0.1
學習次數為 1000
設定 輸出值 為 取得 神經1 單層神經網路輸出值
輸入值為 2
serial 以序列通訊送出 建立字串使用 " 學習後數值為 " 換行
輸出值
設定 輸出值 為 取得 神經1 單層神經網路輸出值
輸入值為 10
serial 以序列通訊送出 建立字串使用 " 答案為 " 換行
輸出值
1 複製這裡所有的積木，並貼至下方
3 將此欄位改為答案為
2 將數字改為 10

6 顯示學習後的權重和偏值：

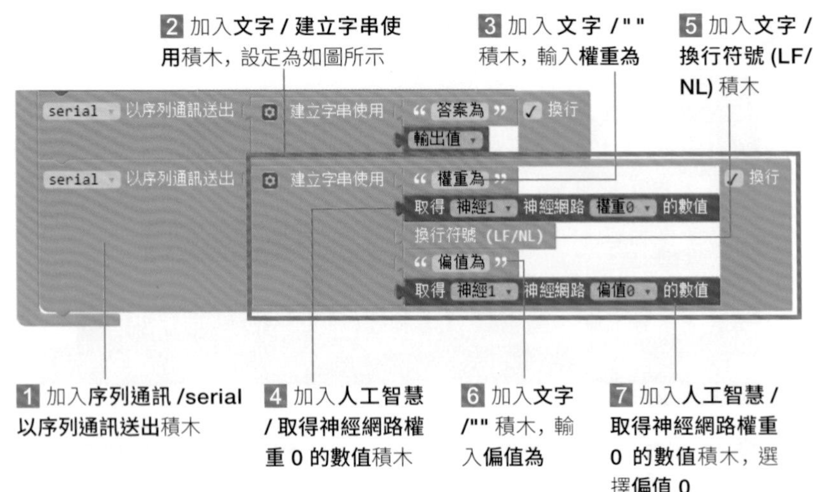

2 加入文字 / 建立字串使用積木，設定為如圖所示
3 加入文字 / " " 積木，輸入權重為
5 加入文字 / 換行符號 (LF/NL) 積木
serial 以序列通訊送出 建立字串使用 " 答案為 " 換行
輸出值
serial 以序列通訊送出 建立字串使用 " 權重為 " 換行
取得 神經1 神經網路 權重0 的數值
換行符號 (LF/NL)
" 偏值為 "
取得 神經1 神經網路 偏值0 的數值
1 加入序列通訊 /serial 以序列通訊送出積木
4 加入人工智慧 / 取得神經網路權重 0 的數值積木
6 加入文字 /" " 積木，輸入偏值為
7 加入人工智慧 / 取得神經網路權重 0 的數值積木，選擇偏值 0

7 完成後請按右上方的**儲存**鈕存檔為 Lab06。完整的程式如下：

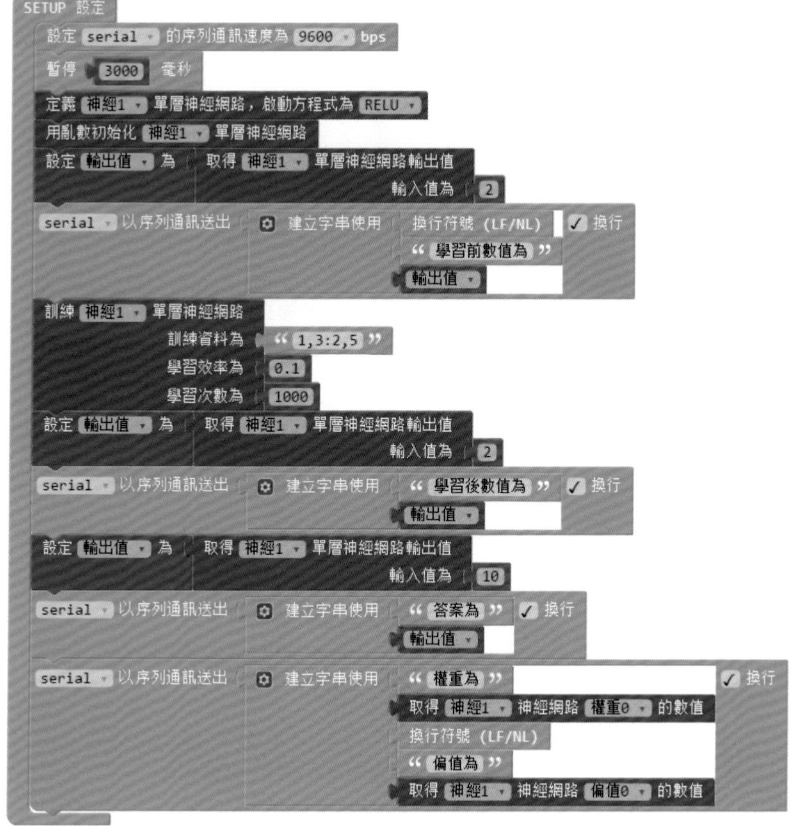

SETUP 設定
設定 serial 的序列通訊速度為 9600 bps
暫停 3000 毫秒
定義 神經1 單層神經網路，啟動方程式為 RELU
用亂數初始化 神經1 單層神經網路
設定 輸出值 為 取得 神經1 單層神經網路輸出值
輸入值為 2
serial 以序列通訊送出 建立字串使用 換行符號 (LF/NL) 換行
"學習前數值為"
輸出值
訓練 神經1 單層神經網路
訓練資料為 "1,3:2,5"
學習效率為 0.1
學習次數為 1000
設定 輸出值 為 取得 神經1 單層神經網路輸出值
輸入值為 2
serial 以序列通訊送出 建立字串使用 "學習後數值為" 換行
輸出值
設定 輸出值 為 取得 神經1 單層神經網路輸出值
輸入值為 10
serial 以序列通訊送出 建立字串使用 "答案為" 換行
輸出值
serial 以序列通訊送出 建立字串使用 "權重為" 換行
取得 神經1 神經網路 權重0 的數值
換行符號 (LF/NL)
"偏值為"
取得 神經1 神經網路 偏值0 的數值

實測

按右上方的 ▶ 鈕上傳程式後，請開啟 Flag's Block 內附的 Arduino 程式開發環境，用序列埠監控視窗來觀看 AI 的訓練過程。

COM18
傳送
學習前數值為0.05
學習後數值為5.00
答案為21.00
權重為2.00
偏值為1.00
答案為 21
自動捲動
沒有行結尾
9600 baud
Clear output
這些亂碼是 D1 mini 啟動時產生的資訊
一開始由於 AI 的權重和偏值是亂數設定的，因此輸入 2 後，顯示的數值是錯的，代表 AI 還不知道方程式長怎樣
訓練過後，同樣輸入 2，顯示的數值是正確的 (5)，代表 AI 已經學習成功

求出權重和偏值後就能知道該神經網路的數學式子為：

偏移距離 =ReLU(計時時間 × 2 + 1)
如果小於 0 就等於 0

事實上，以上的問題也能用數學中的二元一次方程式來解：

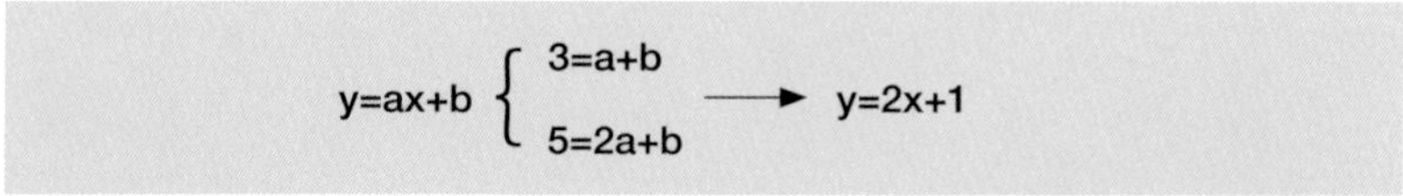

y=ax+b
3=a+b
5=2a+b
y=2x+1

有趣的是，兩者求出來的方程式不謀而合，用 AI 的好處是不用自己解題，而且因為有啟動方程式的存在，可以更好的表達彗星在撞擊前的偏移距離都為 0，這是二元一次方程式做不到的。

延伸練習

1. **請問計時前的 2 小時，偏移距離為多少？**
   (提示：試著將神經網路的輸入值改為 -2，並輸出數值，看看結果如何)

2. **嘗試自己設計一個二元一次方程式，並讓 AI 來解題，例如：**

x	y
1	5
2	8

提示：答案為 y=3x+2

6-4 類神經網路 VS 解聯立方程式

不少人可能會質疑，既然神經網路就是在解方程式，何不直接解聯立方程式就好呢？它可比神經網路有效率多了，不需要運算幾千次阿！

事實上比起解聯立方程式，類神經網路還是有相當多好處的，首先很多時候我們並不知道問題的方程式長怎樣，這個時候你可能難以列出聯立，而實際應用神經網路時只需要管有多少輸入就好，可以不需要管它背後的數學意義；再來，神經網路其實不是找出最佳的解答，而是找到最萬用的解答，舉例來說，要找出兩個點的方程式，聯立解就是一條線：

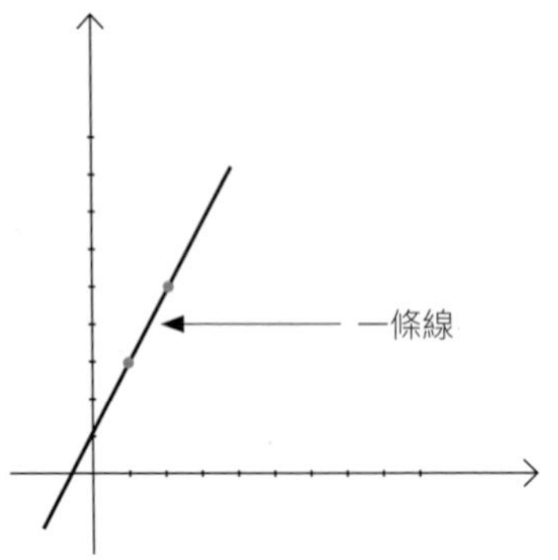
一條線

然而現實生活中，很多時候問題與答案不會對應的這麼漂亮，把其他的點加進來後，你會發現聯立解無法符合其他點，而神經網路找的是下方的紅線，雖然不是每個點都在線上，但卻能大致符合。這在統計學上稱為**回歸**，是神經網路相當擅長的，它學習的過程就是盡可能地找出可以貼近所有訓練資料的解。

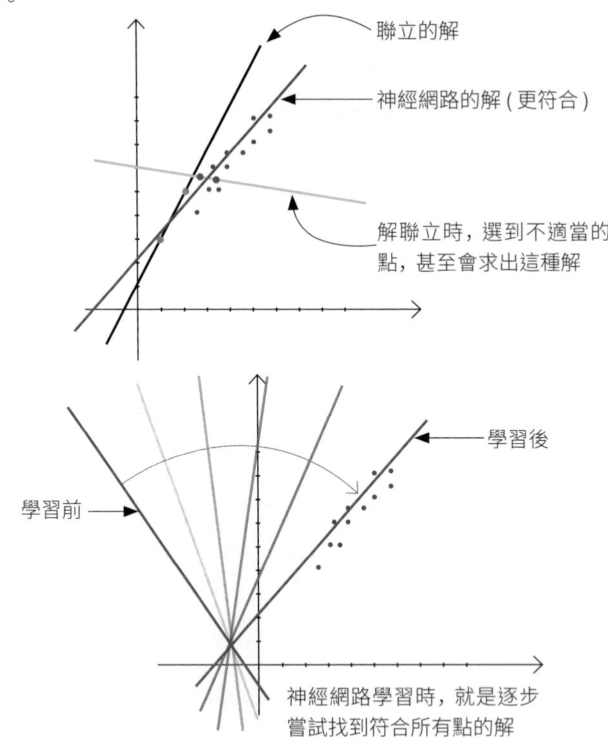
聯立的解
神經網路的解 (更符合)
解聯立時，選到不適當的
點，甚至會求出這種解
學習後
學習前
神經網路學習時，就是逐步
嘗試找到符合所有點的解

6-5 生醫 2.0

介紹完 AI 並且實作了最簡單的類神經網路 - 感知器後，我們後續的章節就會開始把 AI 技術加入實驗中，幫助我們處理比較複雜的生理訊號，除了感知器外，也會利用各種神經網路解決不同問題，藉由人工智慧的力量將原本難以接近的生醫領域，提升到全新的境界。

CHAPTER 07

心電圖機

從心認識自己

心臟可以說是人體的核心，它全年無休的工作著，負責將血液推動至全身上下，一旦它沒了跳動，我們就無法活下去。從電影和電視劇中我們時常可以看到病房中會有一台機器，記錄著病人的心跳，那台機器的螢幕會呈現某種波形，當波形成一條線，醫生就會馬上趕過來急救，而那個波形就是心電圖，這一章就讓我們來了解心電圖的原理，並用神經網路實作一台簡易的心電圖機吧！

7-1 認識心電圖

心臟會跳動是因為心肌受到動作電位產生收縮，而動作電位會散布到全身的皮膚引發一連串微小的電學變化，我們可以藉由電極貼片和儀器來捕捉並放大這些訊號，取得的訊號依時間呈現出波形圖就是**心電圖 (Electrocardiography，簡稱 ECG)**，通常一個心電圖週期會長的像右圖所示：

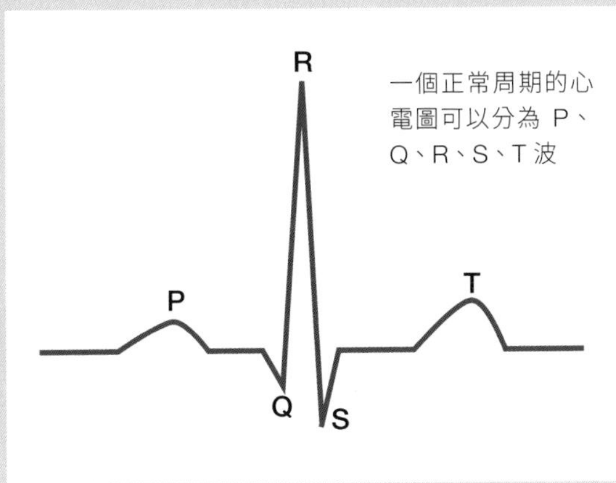
R
P
T
Q
S
一個正常周期的心電圖可以分為 P、Q、R、S、T 波

心電圖之所以會由這麼多種波所組成，是因為心臟有分為心房和心室，他們的收縮是不同步的，各種訊號的疊加結果就是我們看到的心電圖，而一個周期就代表心臟跳動一次，醫生可以透過一連串的心電圖來診斷你是否有心臟方面的疾病。

心房
心房
心室
心室

7-2 如何量測心電圖

量測心電圖時，必須以電極貼片貼於皮膚表面，透過兩個以上的電極貼片來取得不同點的電位差。黏貼的位置可以有很多種，根據不同的黏貼位置所看到的心電波形圖也會略有差異，由不同位置所記錄不同的電位波形就稱為**導程**。導程主要分為**胸導程**和**肢體導程**，通常在醫院中為了取得更準確的訊號，會使用較靠近心臟的胸導程；而本實驗為了操作方便，使用的是肢體導程。這個量測方法是由艾因托芬所創，電極記錄點為左手、右手及左腳三點，這三點離心臟相當於等距，只要量測其中兩點的電位差，並以另一點當作參考電位就能取得心電圖。後人將這三點命名為**艾因托芬三角**。

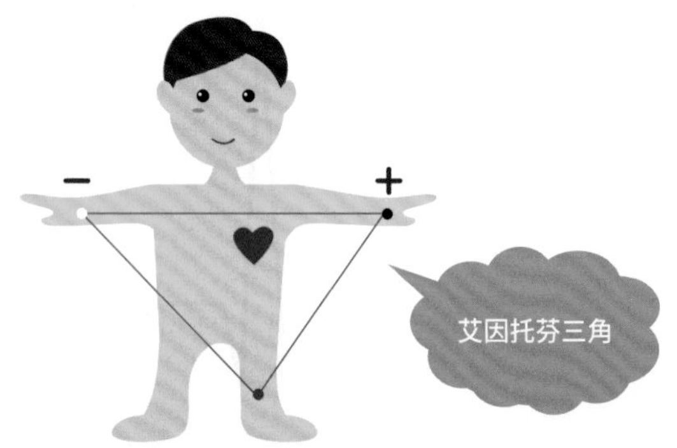
−
+
艾因托芬三角

以下的實驗會使用肢體導程中的**導程 I**：以左手為正極、右手為負極，量測兩點的電位差，並以左腳作為參考電位。

7-3 用神經網路幫助我們濾波

當我們在接收訊號時，時常會混入一些環境雜訊，例如：市電所產生的 60Hz 訊號，這時候我們就需要濾波器來把一些不必要的訊號濾除掉。本實驗使用的生醫感測器 AD8232 已經內建有濾波器：

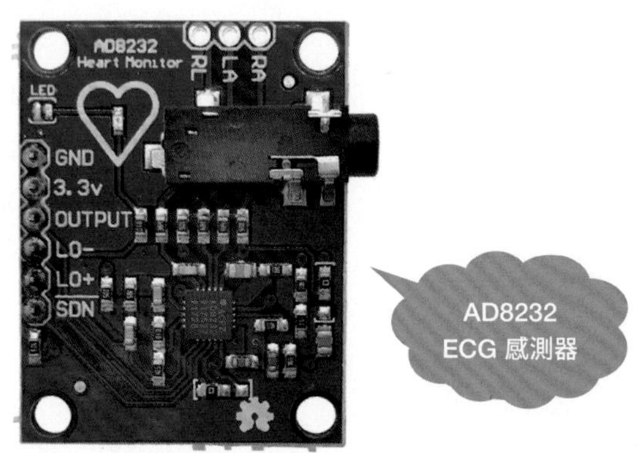
AD8232
Heart Monitor
RL
LA
RA
LED
GND
3.3v
OUTPUT
LO-
LO+
SDN
AD8232
ECG 感測器

但即便如此，訊號進入 D1 mini 或電腦的過程中還是可能產生一些小雜訊，這會影響到我們後續的實驗，因此必須把小雜訊也濾掉，我們將使用神經網路中的 RNN 來進行處理。

遞歸神經網路 -RNN

RNN 與我們之前所學的網路不太一樣，它會將前一次的輸出當作下一次輸入的一部份，讓網路具有記憶性：

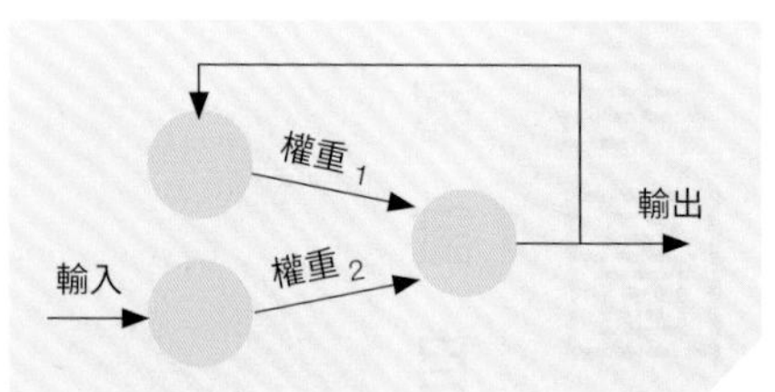
權重 1
輸出
輸入
權重 2

數學式子為：輸出 = 前次輸出 × 權重 $_1$ + 輸入 × 權重 $_2$

我們使用的是簡易型的 RNN，當訊號進入這個網路時，由於它會記住前幾次的波形特性，再和新加入的訊號做加權平均，因此它輸出的波形會比原先更為平滑，達到濾除小雜訊的目的，以下我們就用 RNN 和肢體導程來實作一個簡易的心電圖機。

Lab07

簡易心電圖機

實驗目的	利用 AD8232，量測心電圖訊號，並使用 RNN 將訊號中的小雜訊濾除掉，製作一個簡單的心電圖機。
材料	• D1 mini • AD8232 感測器 • 杜邦線若干

接線圖

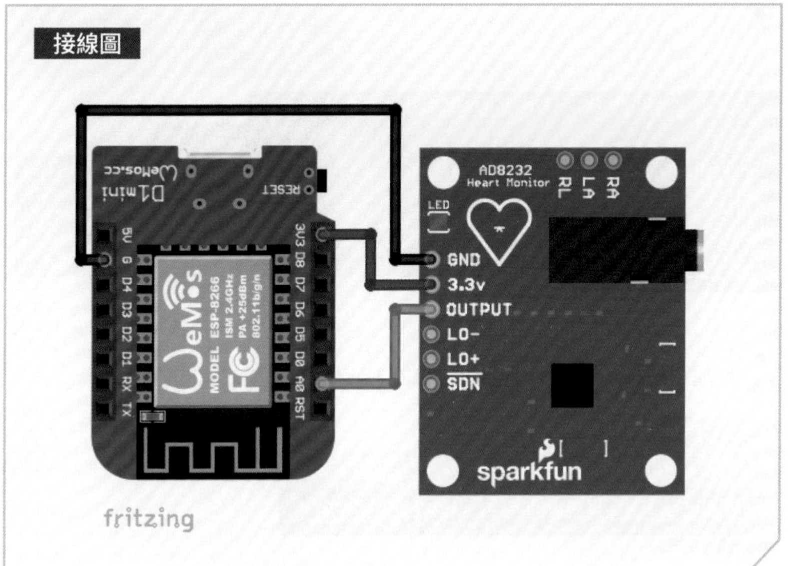
AD8232
Heart Monitor
RA
LA
RL
LED
GND
3.3v
OUTPUT
LO-
LO+
SDN
sparkfun
D1 mini
RESET
5V G D4 D3 D2 D1 RX TX
3V3 D8 D7 D6 D5 D0 A0 RST
fritzing

設計原理

使用 AD8232 時要將導程線的 TRS 端子連接上去，並將導程線的電極鈕扣接上電極貼片。

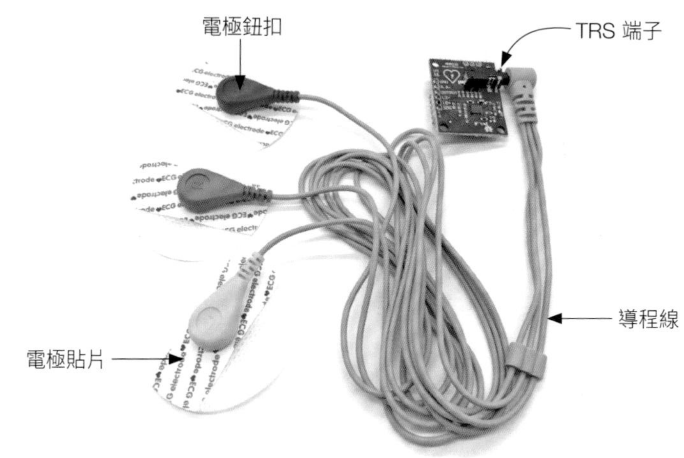
電極鈕扣
TRS 端子
導程線
電極貼片

電極貼片的黏貼位置請參考下方的表格：

黏貼位置	電極鈕扣顏色
左手	黃色
右手	紅色
左腳	綠色

▼ 實際參考照片

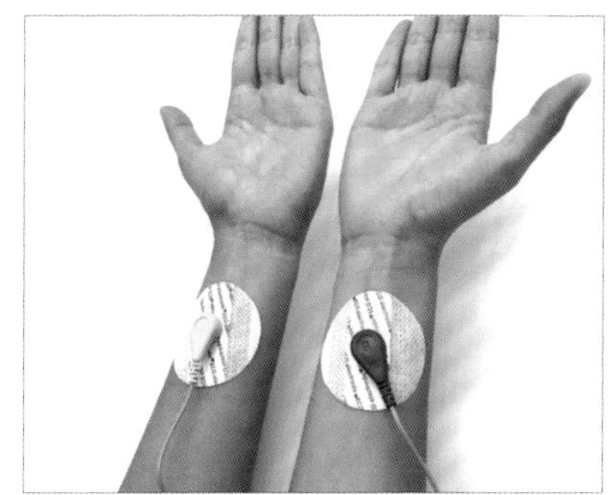

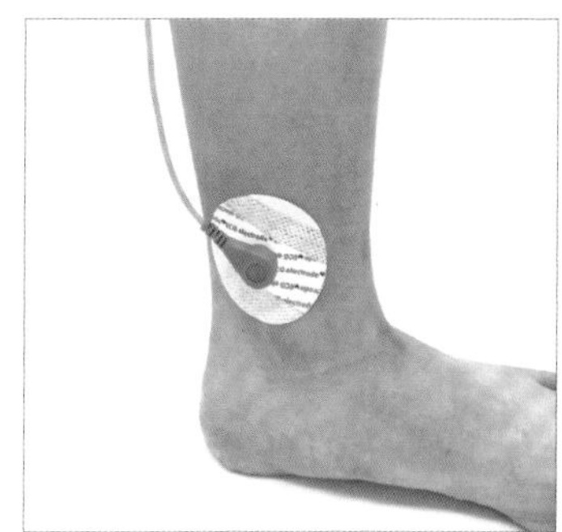

⚠ 請注意！本產品中的電極貼片為消耗品，當黏性不足以致無法使用時，可以自行去醫療器材行購買

本實驗使用的 RNN 架構如下圖所示：

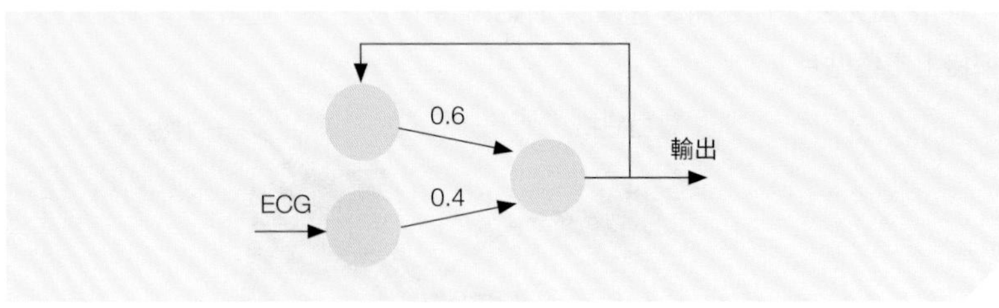

0.6
輸出
ECG
0.4

轉換成數學公式就是：

輸出 = 前一次輸出 × 0.6 + ECG × (1-0.6)

以下實驗中我們會分別輸出有經過 RNN 濾波和沒濾波的波形，來比對兩者的差異。

設計程式

1 加入 **SETUP 設定**積木，然後定義 RNN：

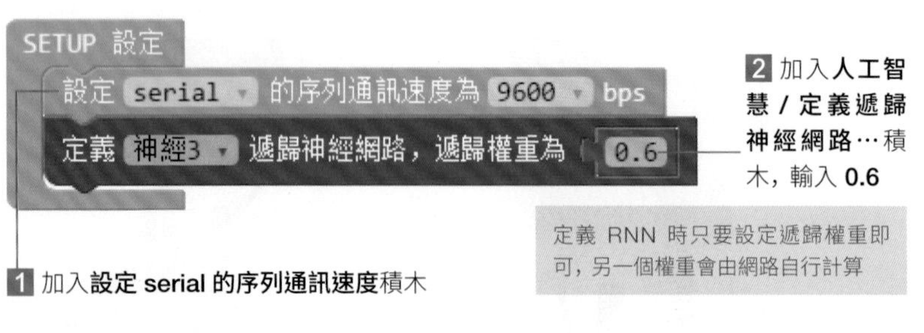

SETUP 設定
設定 serial 的序列通訊速度為 9600 bps
定義 神經3 遞歸神經網路，遞歸權重為 0.6

2 加入**人工智慧 / 定義遞歸神經網路…**積木，輸入 **0.6**

定義 RNN 時只要設定遞歸權重即可，另一個權重會由網路自行計算

1 加入**設定 serial 的序列通訊速度**積木

2 讀取原始值並輸出濾波後的 ECG：

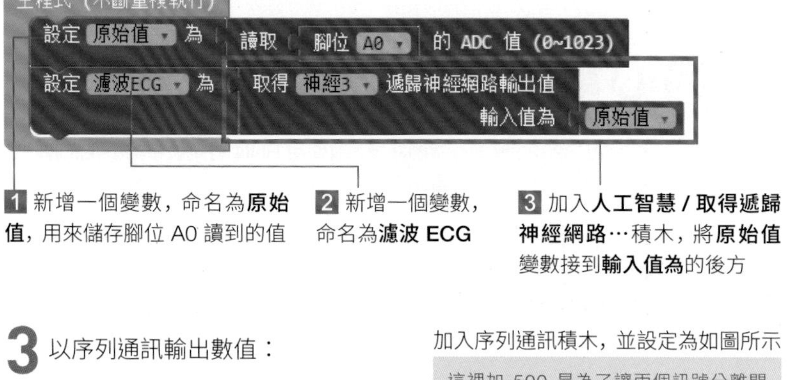

主程式（不斷重複執行）
設定 原始值 為 讀取 腳位 A0 的 ADC 值 (0~1023)
設定 濾波ECG 為 取得 神經3 遞歸神經網路輸出值
輸入值為 原始值

1 新增一個變數，命名為**原始值**，用來儲存腳位 A0 讀到的值

2 新增一個變數，命名為**濾波 ECG**

3 加入**人工智慧 / 取得遞歸神經網路…**積木，將**原始值**變數接到**輸入值為**的後方

3 以序列通訊輸出數值：

加入序列通訊積木，並設定為如圖所示

這裡加 500 是為了讓兩個訊號分離開來，方便我們待會比對差異

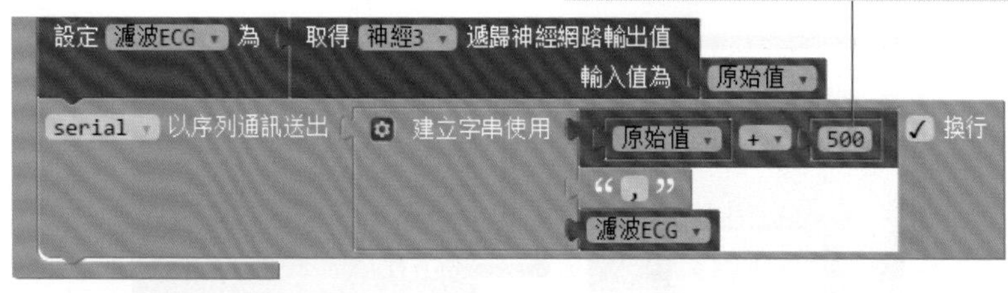

設定 濾波ECG 為 取得 神經3 遞歸神經網路輸出值
輸入值為 原始值
serial 以序列通訊送出 建立字串使用 原始值 + 500
“ , ”
濾波ECG
換行

4 完成後請按右上方的**儲存**鈕存檔為 Lab07。完整的程式如下：

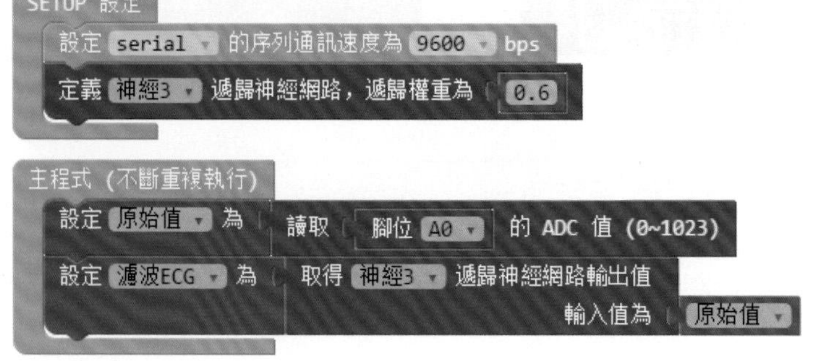

SETUP 設定
設定 serial 的序列通訊速度為 9600 bps
定義 神經3 遞歸神經網路，遞歸權重為 0.6
主程式（不斷重複執行）
設定 原始值 為 讀取 腳位 A0 的 ADC 值 (0~1023)
設定 濾波ECG 為 取得 神經3 遞歸神經網路輸出值
輸入值為 原始值

實測

按右上方的 ▶ 鈕上傳程式後，請按 ≡ / **在 Arduino IDE 中開啟程式碼**，開啟 Flag's Block 內附的 Arduino 程式開發環境，我們要使用 Arduino IDE 內建的**序列繪圖家**來看心電圖的波形，它可以將訊號以動態折線圖的方式呈現出來：

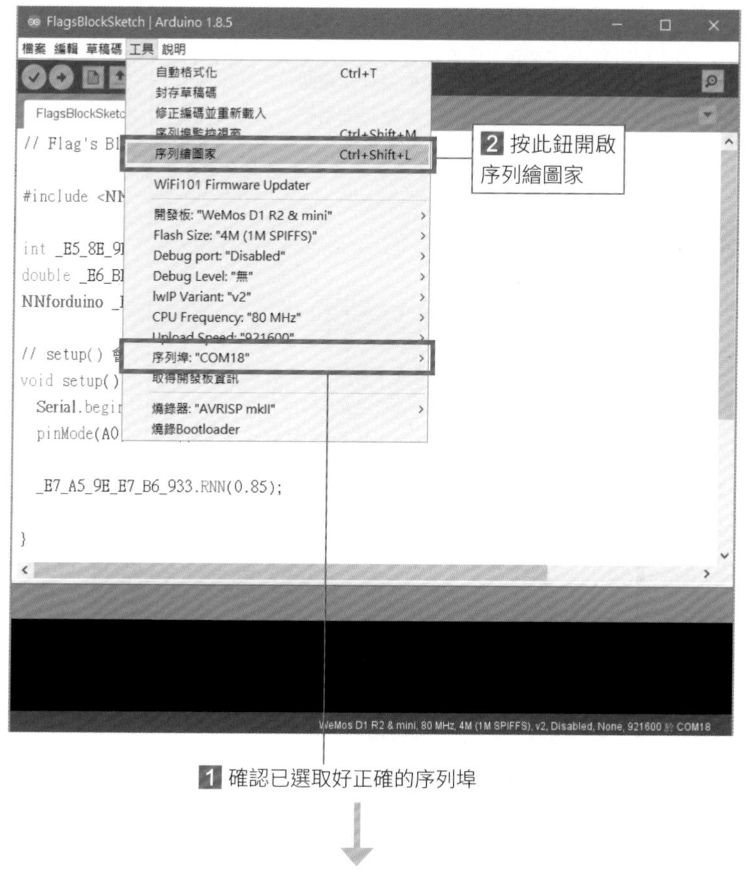
FlagsBlockSketch | Arduino 1.8.5
檔案 編輯 草稿碼 工具 說明
自動格式化 Ctrl+T
封存草稿碼
修正編碼並重新載入
序列埠監控視窗 Ctrl+Shift+M
序列繪圖家 Ctrl+Shift+L
WiFi101 Firmware Updater
開發板: "WeMos D1 R2 & mini"
Flash Size: "4M (1M SPIFFS)"
Debug port: "Disabled"
Debug Level: "無"
lwIP Variant: "v2"
CPU Frequency: "80 MHz"
Upload Speed: "921600"
序列埠: "COM18"
取得開發板資訊
燒錄器: "AVRISP mkII"
燒錄Bootloader
2 按此鈕開啟序列繪圖家
1 確認已選取好正確的序列埠

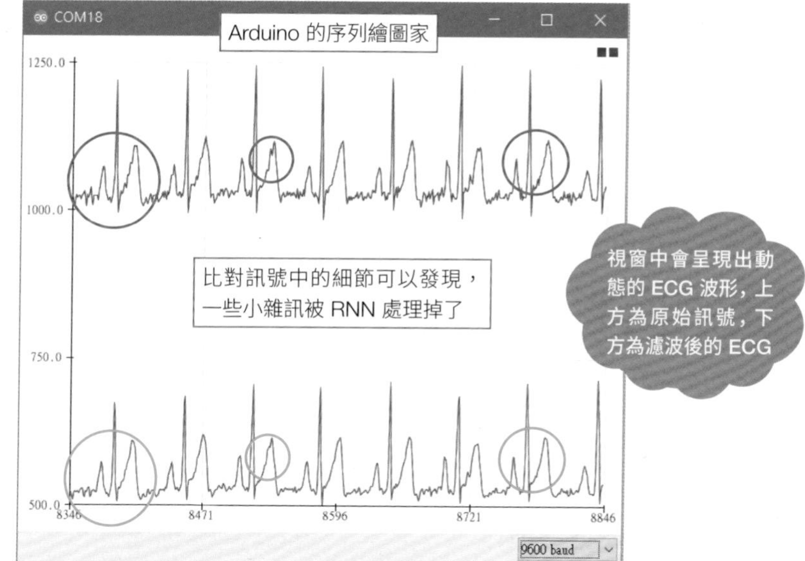
COM18
Arduino 的序列繪圖家
1250.0
1000.0
750.0
500.0
8346
8471
8596
8721
8846
比對訊號中的細節可以發現，一些小雜訊被 RNN 處理掉了
視窗中會呈現出動態的 ECG 波形，上方為原始訊號，下方為濾波後的 ECG
9600 baud

⚠ 請注意！如果您看到的 ECG 波形比上面雜亂很多，代表附近有電源干擾，請先移除不必要的電源，例如使用筆電的話，先暫時不要接變壓器。

7-4 如何量測心率

心率就是心臟跳動的速率，通常是指心臟一分鐘跳了幾下，單位是**次 / 分**。用 ECG 量測心率，只要記錄兩個 R 波的時間區間即可，我們可以設定一個數值當作閥值，只要超過這個閥值就開始記錄時間，再度超過閥值時就取得時間區間，如此來換算出心率：

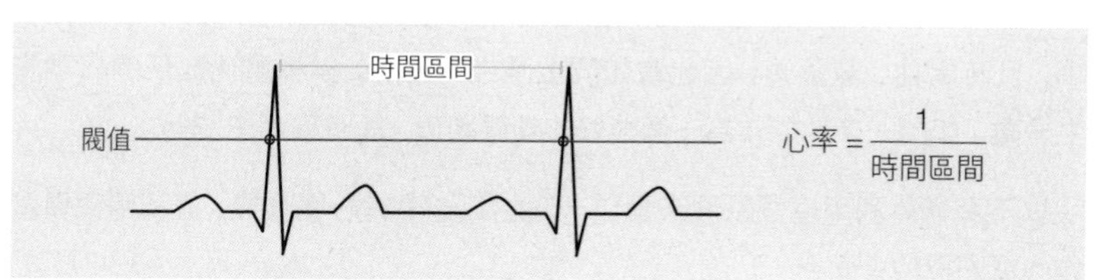
時間區間
閥值
心率 = 1 / 時間區間

然而實際操作時會發生很多問題，例如小雜訊沒處理好就有可能遇到以下問題：

因為小雜訊造成重複偵測

我們使用 RNN 可以杜絕以上問題，然而不同人和不同環境測量到的 ECG 會有不同的基準點，而身體或環境引起的波動也可能造成影響，導致閥值無法正常抓到 R 波：

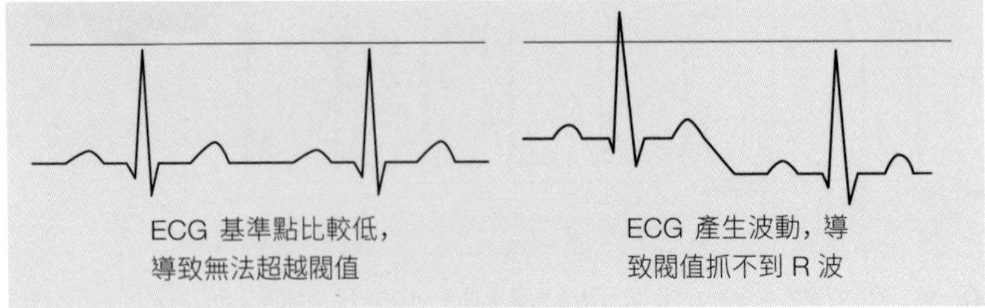
ECG 基準點比較低，
導致無法超越閥值
ECG 產生波動，導
致閥值抓不到 R 波

為了處理上述的問題，我們可以使用**動態閥值**，讓閥值線可以跟在 ECG 附近，這樣就能隨時偵測 R 波。動態閥值可以使用權重不同的 RNN 來達成：

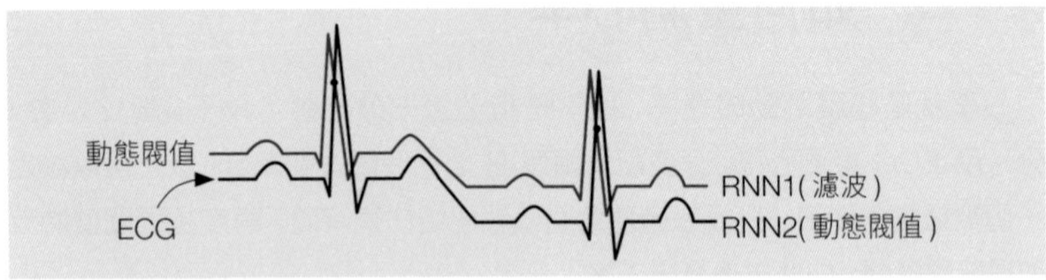
動態閥值
ECG
RNN1(濾波)
RNN2(動態閥值)

遞歸權重比較高的訊號，由於包含比較多過去的資料，訊號幅度會比較小，且時間軸比較落後，因此會如同上圖中的紅線，與權重比較低的訊號產生分離，如此一來就能作為一個很好的動態閥值，即時偵測 R 波。

以下我們就利用這個原理來實作一個能測心率的心電圖機，並利用網頁當作心電圖機的介面。

Lab08

遞迴神經網路心率機

實驗目的	偵測 ECG 訊號，並使用 RNN 當作動態閥值，計算出心率，再透過網頁當介面，打造一台心率機。
材料	• D1 mini • AD8232 感測器 • LED • 220 Ω 電阻 • 杜邦線若干

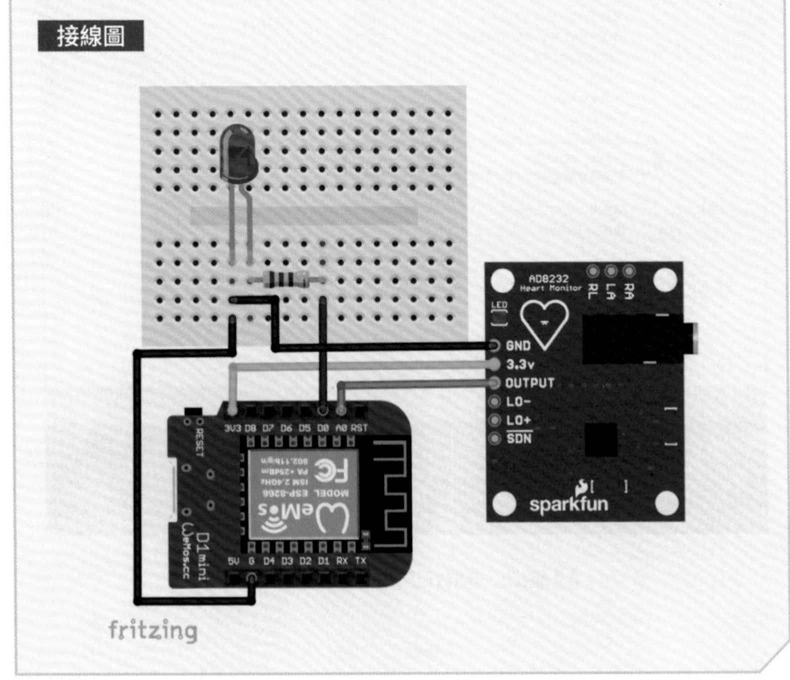
接線圖
AD8232
Heart Monitor
GND
3.3v
OUTPUT
LO-
LO+
SDN
sparkfun
D1 mini
fritzing

設計原理

使用兩個 RNN，一個遞歸權重為 0.85，當作動態閥值，另一個為 0.6 當作濾波 ECG，計算出心率。為了取得更準確的心率，計算方式是先計數心跳 10 次後才進行運算，算式如下：

先將程式中的單位由毫秒轉為秒

$$10\text{ 次心跳時間區間(秒)} = \frac{10\text{ 次心跳時間區間(毫秒)}}{1000}$$

再用此公式求出心率

$$\text{心率(次/分)} = \frac{10\text{(次)}}{10\text{ 次心跳時間區間(秒)}/60\text{(秒/分)}}$$

接著以 LED 顯示心跳狀態，並將訊號及心率傳送至網頁，以下為網頁的畫面：

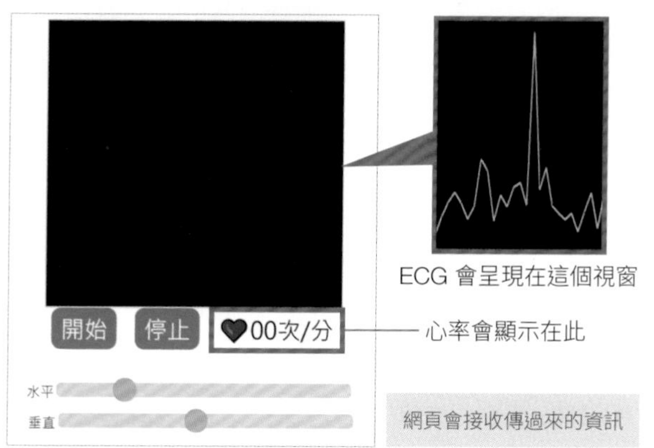
開始
停止
00次/分
水平
垂直
ECG 會呈現在這個視窗
心率會顯示在此
網頁會接收傳過來的資訊

設計程式

1 定義變數及神經網路：

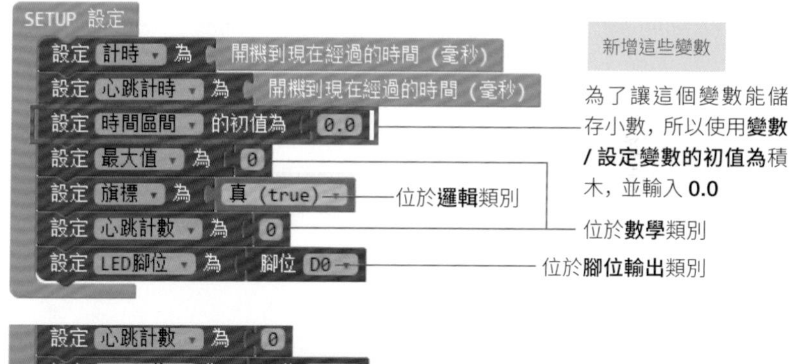
SETUP 設定
設定 計時 為 開機到現在經過的時間 (毫秒)
設定 心跳計時 為 開機到現在經過的時間 (毫秒)
設定 時間區間 的初值為 0.0
設定 最大值 為 0
設定 旗標 為 真 (true)
設定 心跳計數 為 0
設定 LED腳位 為 腳位 D0
新增這些變數
為了讓這個變數能儲存小數，所以使用**變數 / 設定變數的初值為**積木，並輸入 **0.0**
位於**邏輯**類別
位於**數學**類別
位於**腳位輸出**類別

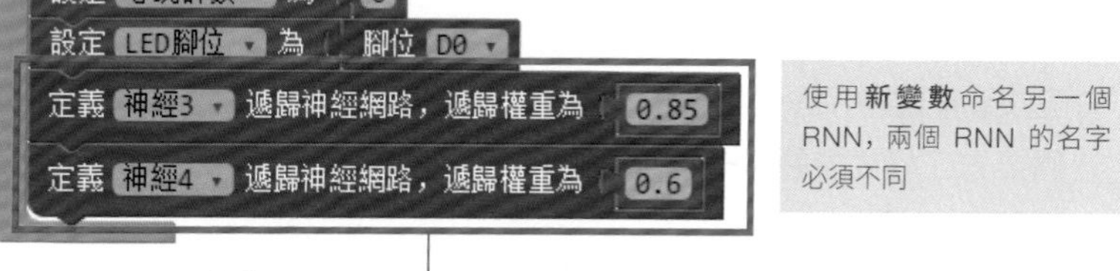
設定 心跳計數 為 0
設定 LED腳位 為 腳位 D0
定義 神經3 遞歸神經網路，遞歸權重為 0.85
定義 神經4 遞歸神經網路，遞歸權重為 0.6
使用**新變數**命名另一個 RNN，兩個 RNN 的名字必須不同

定義兩個 RNN，一個權重為 0.85，另一個為 0.6

2 設計處理網頁指令的函式：

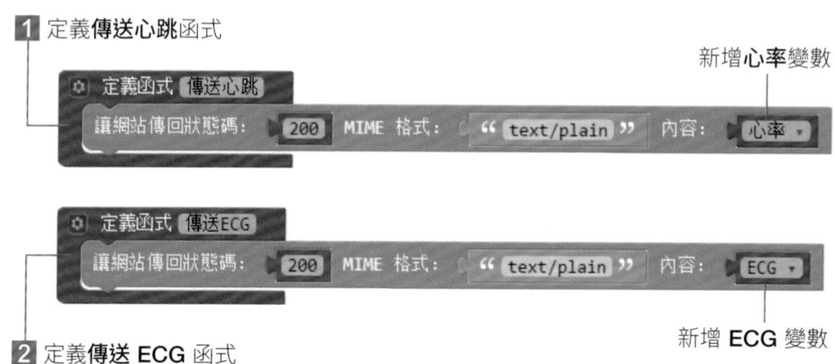
1 定義**傳送心跳**函式
新增**心率**變數
定義函式 傳送心跳
讓網站傳回狀態碼： 200 MIME 格式： " text/plain " 內容： 心率
定義函式 傳送ECG
讓網站傳回狀態碼： 200 MIME 格式： " text/plain " 內容： ECG
新增 **ECG** 變數
2 定義**傳送 ECG** 函式

3 啟用網站：

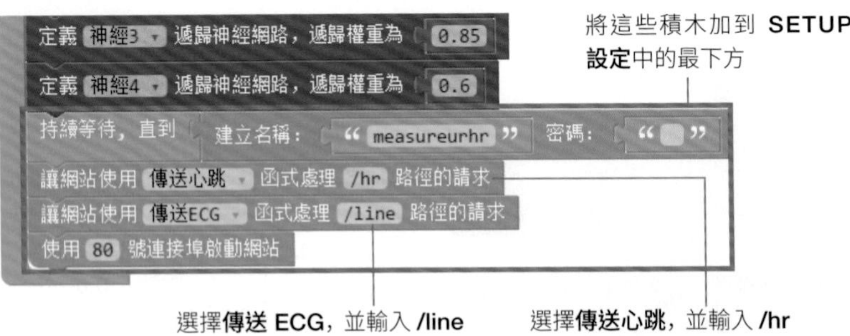
定義 神經3 遞歸神經網路，遞歸權重為 0.85
定義 神經4 遞歸神經網路，遞歸權重為 0.6
持續等待，直到 建立名稱： “ measureurhr ” 密碼： “ ”
讓網站使用 傳送心跳 函式處理 /hr 路徑的請求
讓網站使用 傳送ECG 函式處理 /line 路徑的請求
使用 80 號連接埠啟動網站
將這些積木加到 SETUP 設定中的最下方
選擇傳送 ECG，並輸入 /line
選擇傳送心跳，並輸入 /hr

4 設計一些必需的函式：

由於網頁視窗的座標原點在左上角，呈現波形圖時，是反過來的，因此我們要先在程式中翻轉一次數值再傳到網頁上。

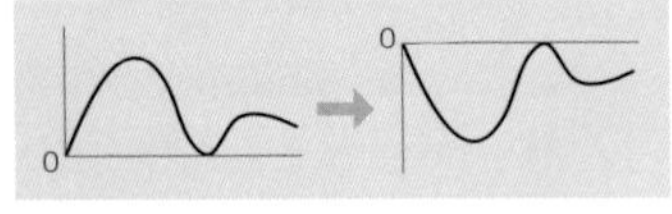
0
0
▲ 在網頁中顯示波形圖會反過來

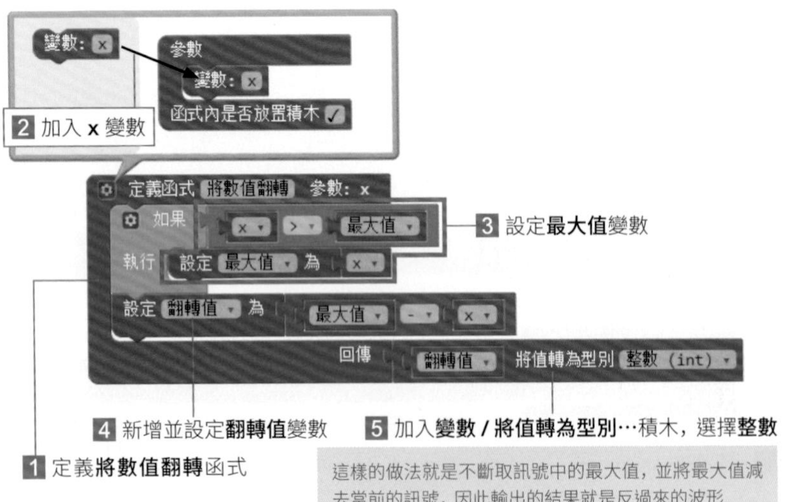
變數：x
參數
變數：x
函式內是否放置積木
2 加入 x 變數
定義函式 將數值翻轉 參數：x
如果 x > 最大值
執行 設定 最大值 為 x
設定 翻轉值 為 最大值 - x
回傳 翻轉值 將值轉為型別 整數 (int)
3 設定最大值變數
4 新增並設定翻轉值變數
5 加入變數 / 將值轉為型別…積木，選擇整數
1 定義將數值翻轉函式
這樣的做法就是不斷取訊號中的最大值，並將最大值減去當前的訊號，因此輸出的結果就是反過來的波形

接下來我們還要設計能計算心率的函式。

1 新增**時間區間**變數，用當前開機時間減去上一次計時的時間，即是時間區間，再除以 1000 讓單位從**毫秒**變為**秒**

定義函式 計算心率
設定 時間區間 為 開機到現在經過的時間（毫秒） - 心跳計時 ÷ 1000
設定 心率 為 10 ÷ 時間區間 ÷ 60.0
設定 心跳計時 為 開機到現在經過的時間（毫秒）

2 使用公式計算並設定心率

數字後面加 .0，確保程式以小數計算

3 讓心跳計時重新計時

5 設定主程式中的變數：

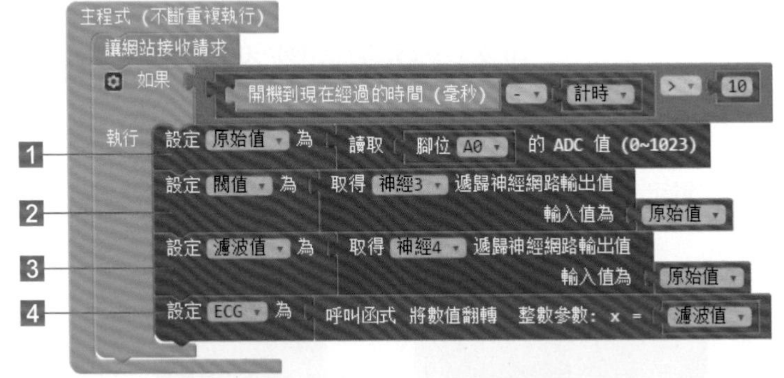
主程式（不斷重複執行）
讓網站接收請求
如果 開機到現在經過的時間（毫秒） - 計時 > 10
執行 設定 原始值 為 讀取 腳位 A0 的 ADC 值 (0~1023)
設定 閥值 為 取得 神經3 遞歸神經網路輸出值 輸入值為 原始值
設定 濾波值 為 取得 神經4 遞歸神經網路輸出值 輸入值為 原始值
設定 ECG 為 呼叫函式 將數值翻轉 整數參數：x = 濾波值
1
2
3
4

1 新增**原始值**變數，並讀取 AD8232 輸出的腳位

2 新增**閥值**積木，用來儲存權重為 0.85 的 RNN 輸出值

3 新增**濾波值**積木，用來儲存權重為 0.6 的 RNN 輸出值

4 設定 **ECG** 變數為濾波值的翻轉值

6 偵測 R 波並計算心率：

偵測 R 波時，我們要使用一個程式概念，稱為**旗標**，由於波形超過閥值時會經過一段時間才降回閥值以下，為了避免這段期間內不斷重複偵測，我們必須利用假想的旗標幫助我們紀錄當前的狀態，以下為示意圖：

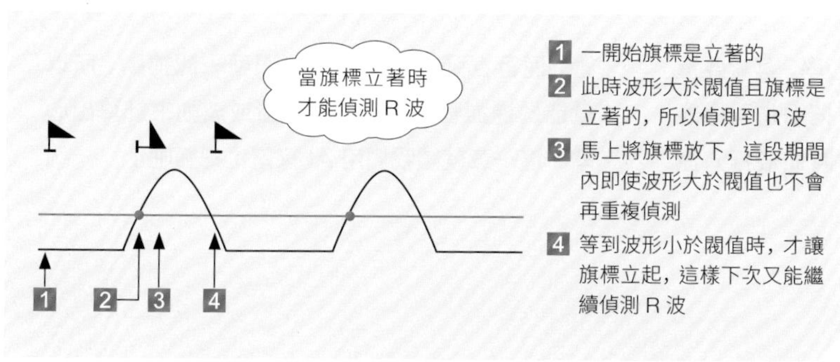
當旗標立著時
才能偵測 R 波
1 一開始旗標是立著的
2 此時波形大於閥值且旗標是立著的，所以偵測到 R 波
3 馬上將旗標放下，這段期間內即使波形大於閥值也不會再重複偵測
4 等到波形小於閥值時，才讓旗標立起，這樣下次又能繼續偵測 R 波

在程式中我們用**真 (true)** 代表旗標是立著的，用**假 (false)** 代表旗標是放下的，用這個概念設計以下程式：

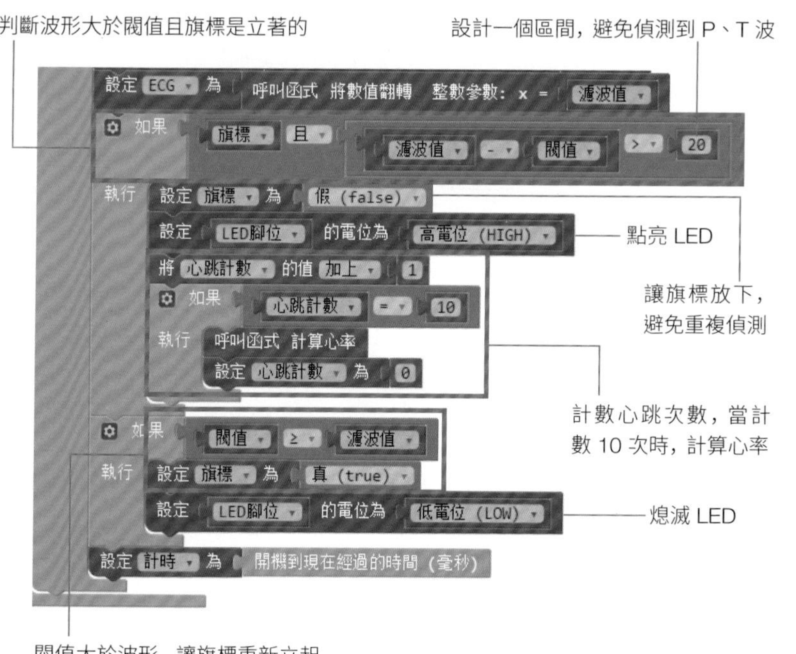
判斷波形大於閥值且旗標是立著的
設計一個區間，避免偵測到 P、T 波
設定 ECG 為 呼叫函式 將數值翻轉 整數參數: x = 濾波值
如果 旗標 且 濾波值 - 閥值 > 20
執行 設定 旗標 為 假 (false)
設定 LED腳位 的電位為 高電位 (HIGH)
將 心跳計數 的值 加上 1
如果 心跳計數 = 10
執行 呼叫函式 計算心率
設定 心跳計數 為 0
如果 閥值 ≥ 濾波值
執行 設定 旗標 為 真 (true)
設定 LED腳位 的電位為 低電位 (LOW)
設定 計時 為 開機到現在經過的時間 (毫秒)
點亮 LED
讓旗標放下，避免重複偵測
計數心跳次數，當計數 10 次時，計算心率
熄滅 LED
閥值大於波形，讓旗標重新立起

7 上傳主網頁內容並儲存：

上傳網頁資料，選擇『FlagsBlock/www/ webpages_heart.h』檔。

完成後請按右上方的**儲存**鈕存檔為 Lab08。

實測

按右上方的 ▶ 鈕上傳程式後，請拿出手機或是電腦，嘗試連上程式中建立的 **measureurhr** 無線網路。

開啟瀏覽器，鍵入網址 "192.168.4.1"，確認電極貼片黏貼在正確的部位後就按網頁中的**開始**鈕，此時就會看到 ECG 波形呈現在視窗上。

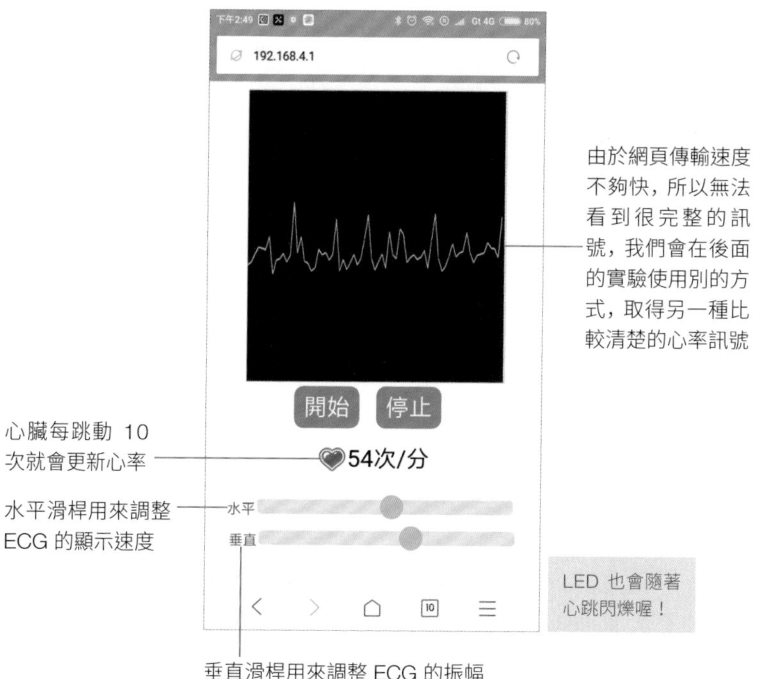
192.168.4.1
由於網頁傳輸速度不夠快，所以無法看到很完整的訊號，我們會在後面的實驗使用別的方式，取得另一種比較清楚的心率訊號
開始
停止
心臟每跳動 10 次就會更新心率
54次/分
水平滑桿用來調整 ECG 的顯示速度
水平
垂直
LED 也會隨著心跳閃爍喔！
垂直滑桿用來調整 ECG 的振幅

CHAPTER 08

AI 來把脈

脈搏計

前一章我們量測了 ECG 並計算出心率，其實要量測心率不一定要直接從心臟下手，把脈也同樣能量測心率，這是因為心臟收縮時會將血液打入血管，而富含彈性的血管也會跟著一起搏動，所以就能透過血管中變化的血液量或波動來計算出心率。這一章就讓我們用 AI 來幫忙把脈吧！

8-1 如何量測脈搏

我們在第 5 章時，利用了 MAX30100 感測器來量測血氧濃度，其實它的能耐可不僅如此，要量測脈搏訊號也難不倒它。先前有說過，MAX30100 會對血液發射紅光及紅外光，並由感光器接收血液吸收後剩餘的光，由於血管中的血液量因為心臟的搏動而有變化，因此感光器紀錄的訊號也會隨之波動，這樣的訊號我們就稱之為**光體積變化描記圖法(Photoplethysmography，簡稱 PPG)**。

8-2 認識 PPG

PPG 是一種非侵入式、容易操作，且無耗材的量測方式，被廣泛的使用在醫院及健康手錶，它能夠取得動脈及血流量的資訊，藉此換算出心率、動脈硬化程度等信息，右上圖為正常的 PPG 波形圖：

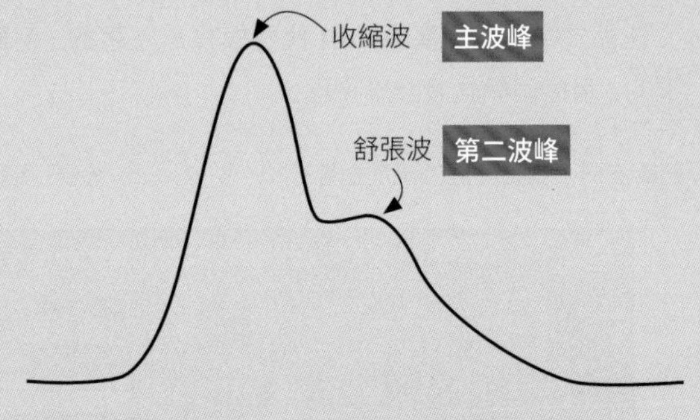
收縮波
主波峰
舒張波
第二波峰

正常 PPG 中可以看到有一個主波峰及第二波峰，其中收縮波是心臟迅速收縮，讓血管充滿血液所造成的；而舒張波是血液循環回心臟時，撞擊到心臟瓣膜，導致血液的回彈所產生的。

了解了 PPG 訊號後，以下的實驗我們將使用如同前一章的 RNN 和動態閥值技巧來量取脈搏速率。

Lab09

遞歸神經網路脈搏機

實驗目的	利用 MAX30100 量測 PPG 訊號，並使用 RNN 當作動態閥值，計算出脈搏速率，再透過網頁當介面，打造一台脈搏機。
材料	• D1 mini • MAX30100 感測器 • LED • 220 Ω 電阻 • 杜邦線若干

接線圖

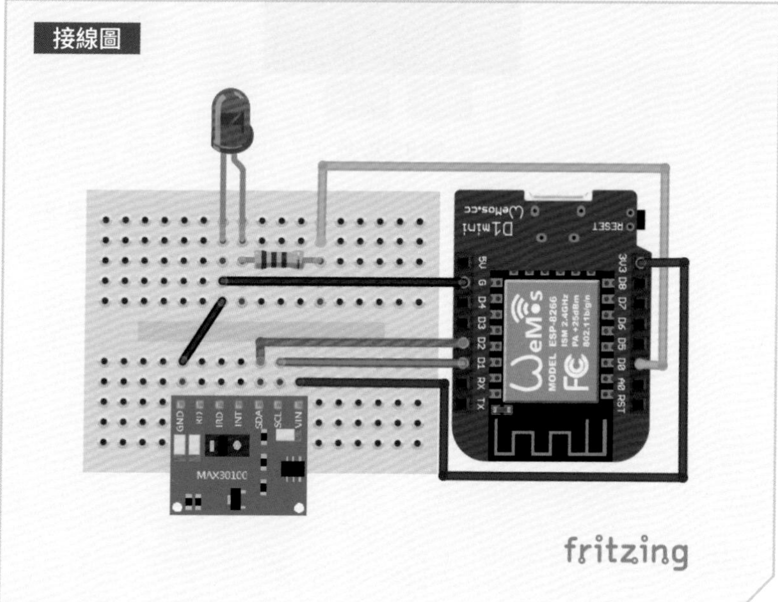
fritzing

設計原理

使用兩個 RNN，這次設定動態閥值遞歸權重為 0.9，濾波 PPG 的遞歸權重為 0.5，計算脈搏速率同上一章的實驗，也一樣以 LED 顯示脈搏狀態，並將訊號傳送至同樣的網頁。

設計程式

由於本實驗與上一個實驗很類似，因此可以直接開啟上一個專案來修改，請開啟 **Lab08** 專案，並如下操作：

1 自訂函式需要修改處：

改為 PPG
定義函式 傳送PPG
讓網站傳回狀態碼: 200 MIME 格式: " text/plain " 內容: PPG

其他函式都不需要更改。

2 **SETUP 設定**區需要修改處：

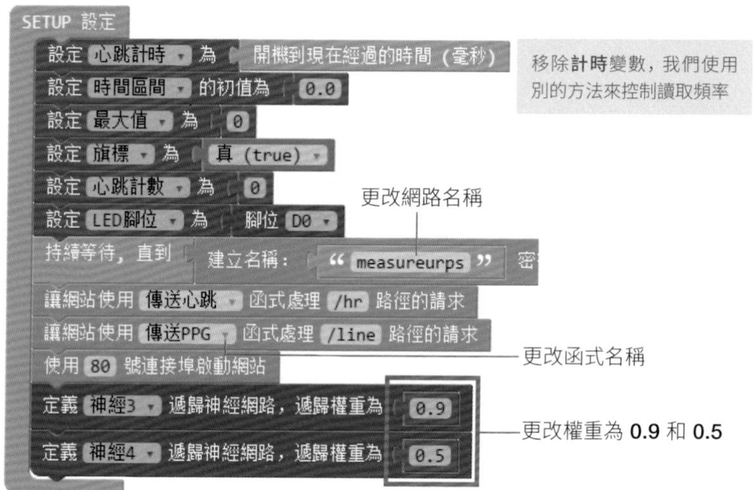
SETUP 設定
設定 心跳計時 為 開機到現在經過的時間 (毫秒)
移除**計時**變數，我們使用別的方法來控制讀取頻率
設定 時間區間 的初值為 0.0
設定 最大值 為 0
設定 旗標 為 真 (true)
設定 心跳計數 為 0
設定 LED腳位 為 腳位 D0
更改網路名稱
持續等待，直到 建立名稱： " measureurps "
讓網站使用 傳送心跳 函式處理 /hr 路徑的請求
讓網站使用 傳送PPG 函式處理 /line 路徑的請求
使用 80 號連接埠啟動網站
更改函式名稱
定義 神經3 遞歸神經網路，遞歸權重為 0.9
定義 神經4 遞歸神經網路，遞歸權重為 0.5
更改權重為 **0.9** 和 **0.5**

3 **主程式**區需要修改處：

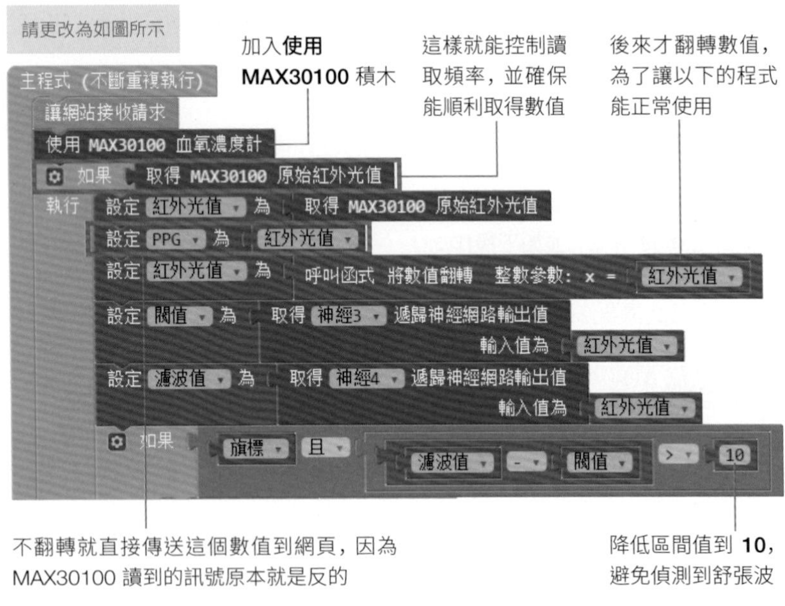

請更改為如圖所示
加入**使用 MAX30100** 積木
這樣就能控制讀取頻率，並確保能順利取得數值
後來才翻轉數值，為了讓以下的程式能正常使用
主程式 (不斷重複執行)
讓網站接收請求
使用 MAX30100 血氧濃度計
如果 取得 MAX30100 原始紅外光值
執行 設定 紅外光值 為 取得 MAX30100 原始紅外光值
設定 PPG 為 紅外光值
設定 紅外光值 為 呼叫函式 將數值翻轉 整數參數: x = 紅外光值
設定 閾值 為 取得 神經3 遞歸神經網路輸出值 輸入值為 紅外光值
設定 濾波值 為 取得 神經4 遞歸神經網路輸出值 輸入值為 紅外光值
如果 旗標 且 濾波值 - 閾值 > 10
不翻轉就直接傳送這個數值到網頁，因為 MAX30100 讀到的訊號原本就是反的
降低區間值到 **10**，避免偵測到舒張波

其餘的部分都不需要更改。

4 上傳主網頁內容並儲存：

使用與 LAB08 相同的網頁『FlagsBlock/www/ webpages_heart.h』，完成後請另存新檔為 Lab09。

■ 實測

按右上方的 ▶ 鈕上傳程式後，請拿出手機或是電腦，嘗試連上程式中建立的 measureurps 無線網路。

開啟瀏覽器，鍵入網址 "192.168.4.1"，確認有在 MAX30100 上放置遮光片，且紅光有正常亮起 (如果沒有，請參考第 5 章 p36 的錯誤排除)，手指平放於感測器上後，按下頁中的**開始**鈕，此時就會看到 PPG 波形呈現在視窗上。

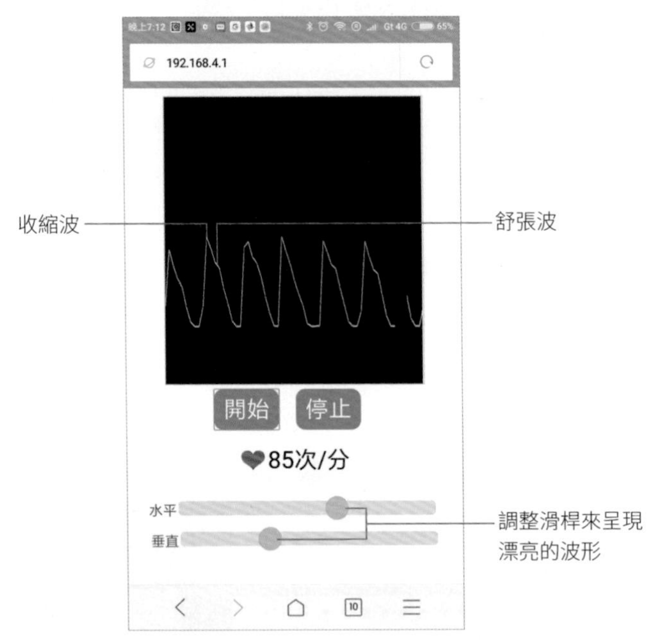

192.168.4.1
收縮波
舒張波
開始
停止
85次/分
水平
垂直
調整滑桿來呈現漂亮的波形

▲ 由於 PPG 相比 ECG 沒有這麼多資訊，所以同樣的傳輸速度可以呈現更完整的波形

CHAPTER 09

智慧血壓計

血壓是指血液對血管所產生的壓力。血壓過低，血液無法正常輸送至全身，會造成細胞缺氧；而血壓過高，則會讓心血管受損，容易引發心肌梗塞及中風等疾病。由於心臟會收縮及舒張，產生的血壓也會不同，收縮時的血壓比較高，稱為收縮壓；舒張時的血壓比較低，稱為舒張壓。定期量測血壓有助於了解自身的健康狀況，這一章就讓我們來做一個即時的血壓計。

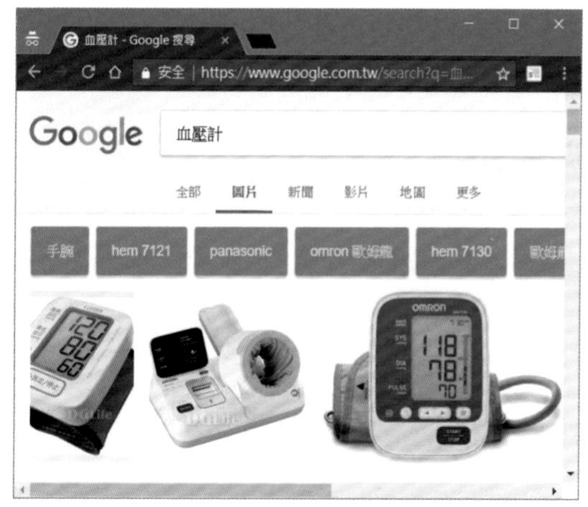
血壓計 - Google 搜尋
安全 | https://www.google.com.tw/search?q=血...
Google
血壓計
全部
圖片
新聞
影片
地圖
更多
手腕
hem 7121
panasonic
omron 歐姆龍
hem 7130
OMRON

▲ 現在的電子血壓計

9-1 血壓計的發展史

侵入式血壓

世界上第一個量測到血壓的科學家，是使用一支很長的黃銅管，插入馬匹的動脈後，量測血液衝上銅管的高度，這種方式就稱為**侵入式血壓**。由於量測方式相當不便，因此很少使用在人體上。

聽音診斷法

20 世紀時，一名俄國的學者發現了一種非侵入式的血壓量測方式，他使用壓脈帶加壓受測者的手臂直到血液難以通過，然後再緩慢減壓的過程時，由於受阻的血液得以流過手臂，因此使用聽診器可以聽到摩擦的脈動聲，此時量測到的壓力即為收縮壓，而當脈動聲消失時代表血液可以完全通過，即是舒張壓。因為他的重大發現，所以這個脈動聲也以他的名字命名為**柯氏音**。

電子聽音診斷法

後來的人們使用電子器材取代人工聽診，利用自動加壓的壓脈帶和麥克風，來製造電子血壓計，原理還是使用**柯氏音**來實現。

示波振幅法

之後又出現了更先進的電子量測方法。在壓脈帶加壓後的減壓過程中，使用精密電子儀器依然能量測到血液的脈動，當脈動波急劇增大時就判定為是收縮壓，急劇降低時則是舒張壓。目前市面上的電子血壓計大多採用此方式。

9-2 PWTT 血壓量測法

我們即將使用的血壓量測方式與上面介紹的都不同，我們要用的是近幾年提出的量測法，被稱為**脈搏波傳導時間算法 (Pulse Wave Transit Time，簡稱 PWTT)**，他的原理是：心臟跳動時，需要有反應時間，才能將脈動傳導到肢體，而這個時間與血壓的收縮壓呈線性關係。因此我們只要量測 ECG 的峰值和 PPG 的峰值時差就能換算出血壓數值，然而這個公式根據不同的量測方式和峰值偵測法也會不同，幸好我們有 AI 的幫忙，可以使用第 6 章的感知器來找出公式。

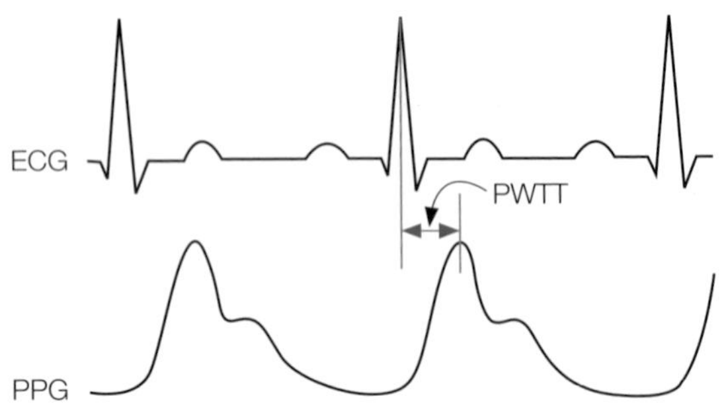
ECG
PWTT
PPG

這種方法的缺點是只能量測收縮壓，優點是可以動態即時量測，以下我們就使用 PWTT 來進行血壓的量測。

Lab10

即時血壓計

實驗目的	分別偵測 ECG 和 PPG 的峰值，並計算兩者的時差，最後轉換成血壓值輸出到網頁上，製作一個即時的血壓計。
材料	• D1 mini • AD8232 感測器 • MAX30100 感測器 • LED • 220Ω 電阻 • 杜邦線若干

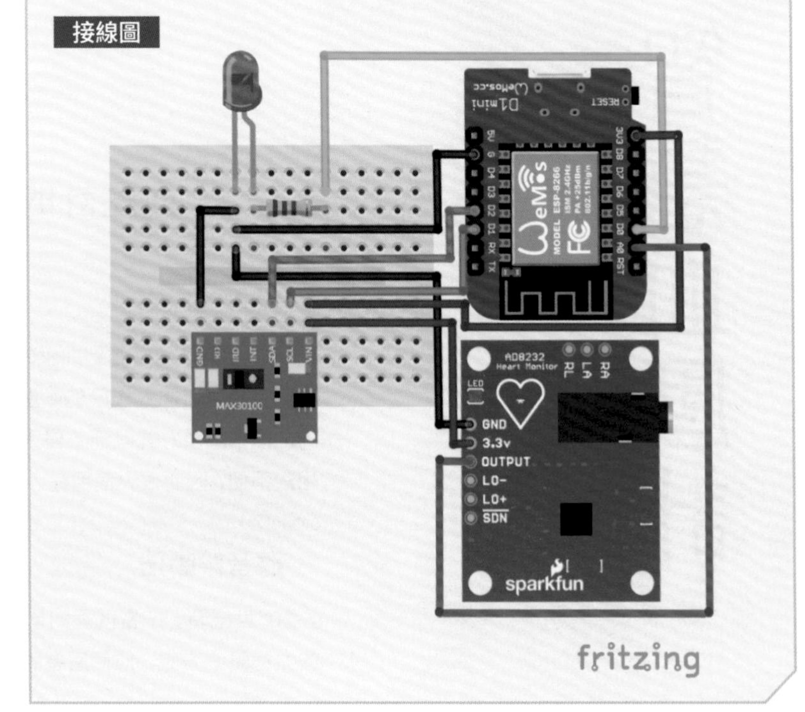
接線圖
D1mini
RESET
AD8232
Heart Monitor
RL
LA
RA
GND
3.3v
OUTPUT
LO-
LO+
SDN
sparkfun
MAX30100
fritzing

設計原理

我們會在程式中先偵測 ECG 的峰值並記錄時間，再取得 PPG 的峰值時間，將兩者相減即是脈搏波傳導時間，接著只要記錄不同人的 PWTT 和他的血壓就能利用神經網路生成 PWTT 算法公式，為了方便讀者操作，我們已經事先量測幾組參數：

PWTT	血壓
239(毫秒)	104 mmHg
179(毫秒)	120 mmHg
159(毫秒)	140 mmHg

訓練神經網路前，還有個很重要的觀念必須了解，那就是**資料標準化**。

資料標準化

當網路的輸入值和輸出值的位數太多時，如果直接貿然訓練網路，可能造成訓練時間過久或學習效率設定不當等問題，舉第 6 章的例子來說，我們要找出的公式為 y=2x+1，假設神經網路學習前的公式為 y=x+1，如果輸入訓練資料 (輸入：2，輸出：5)，可以如下推出誤差值：

要找出的公式

x=1 ──► y=2x+1 ──► y=5
x=1 ──► y=x+1 ──► y=2
} 誤差 =5-2=3

學習前的公式

神經網路是靠誤差在進行學習的，因此要是位數太大時誤差也會加大，造成難以訓練，例如輸入訓練資料 (輸入：100，輸出：201)

x=100 ──► y=2x+1 ──► y=201
x=100 ──► y=x+1 ──► y=101
} 誤差 =201-101=100

▲ 雖然要訓練的網路是一樣的，卻因為使用位數較大的訓練資料，而有較大的誤差，這樣網路也要花更多時間學習。

為了避免這種事情發生，通常會先將所有數值的範圍限縮進 0~1，這就稱為**標準化**，這樣的方法有很多種，最簡單的方法就是把 1 位數除以 1、3 位數除以 1000，依此類推。

標準化處理完後，就可以使用第 5 章的感知器進行訓練，以下為建議的訓練參數和訓練方式：

訓練 神經1 單層神經網路
訓練資料為 " 0.239,0.104:0.179,120:0.159,0.140 "
學習效率為 0.001
學習次數為 100000

▲ 更改 Lab06 中的**訓練單層神經網路**積木為如圖所示

訓練完的結果應該會接近：權重 =-0.5、偏值 =0.22，最後記得在使用神經網路的輸出值時要乘回 1000，接下來我們將使用這組參數來計算血壓值，並將數值傳送到以下的網頁：

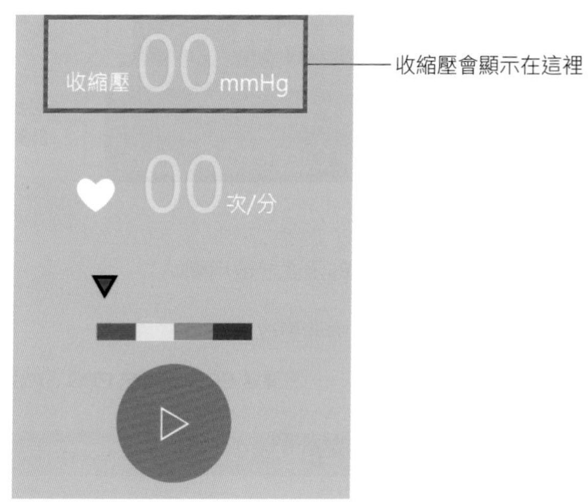
收縮壓 00 mmHg
00 次/分
收縮壓會顯示在這裡

設計程式

這個實驗結合了 LAB08 和 LAB09，因此你可以開啟其中一個來進行修改。

1 定義變數及神經網路：

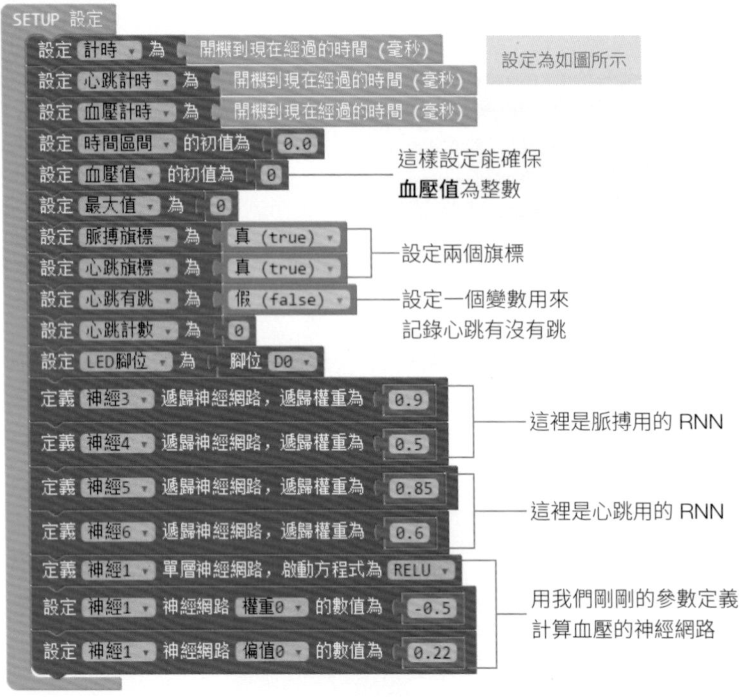

SETUP 設定
設定 計時 為 開機到現在經過的時間（毫秒）
設定 心跳計時 為 開機到現在經過的時間（毫秒）
設定 血壓計時 為 開機到現在經過的時間（毫秒）
設定 時間區間 的初值為 0.0
設定 血壓值 的初值為 0
設定 最大值 為 0
設定 脈搏旗標 為 真（true）
設定 心跳旗標 為 真（true）
設定 心跳有跳 為 假（false）
設定 心跳計數 為 0
設定 LED腳位 為 腳位 D0
定義 神經3 遞歸神經網路，遞歸權重為 0.9
定義 神經4 遞歸神經網路，遞歸權重為 0.5
定義 神經5 遞歸神經網路，遞歸權重為 0.85
定義 神經6 遞歸神經網路，遞歸權重為 0.6
定義 神經1 單層神經網路，啟動方程式為 RELU
設定 神經1 神經網路 權重0 的數值為 -0.5
設定 神經1 神經網路 偏值0 的數值為 0.22
設定為如圖所示
這樣設定能確保
血壓值為整數
設定兩個旗標
設定一個變數用來
記錄心跳有沒有跳
這裡是脈搏用的 RNN
這裡是心跳用的 RNN
用我們剛剛的參數定義
計算血壓的神經網路

2 設計處理網頁指令的函式並啟用網站：

傳送心跳的函式不需要更改。

將傳送 ECG 或傳送 PPG 函式更改為傳送血壓
定義函式 傳送血壓
讓網站傳回狀態碼： 200 MIME 格式： " text/plain " 內容： 血壓值

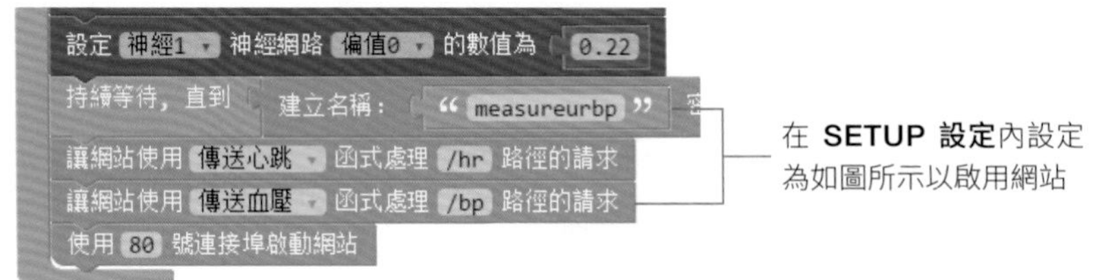

設定 神經1 神經網路 偏值0 的數值為 0.22
持續等待，直到 建立名稱： " measureurbp "
讓網站使用 傳送心跳 函式處理 /hr 路徑的請求
讓網站使用 傳送血壓 函式處理 /bp 路徑的請求
使用 80 號連接埠啟動網站
在 SETUP 設定內設定
為如圖所示以啟用網站

3 設計計算血壓的函式：

原先的**將數值翻轉**、**計算心率**函式都不需要更改。

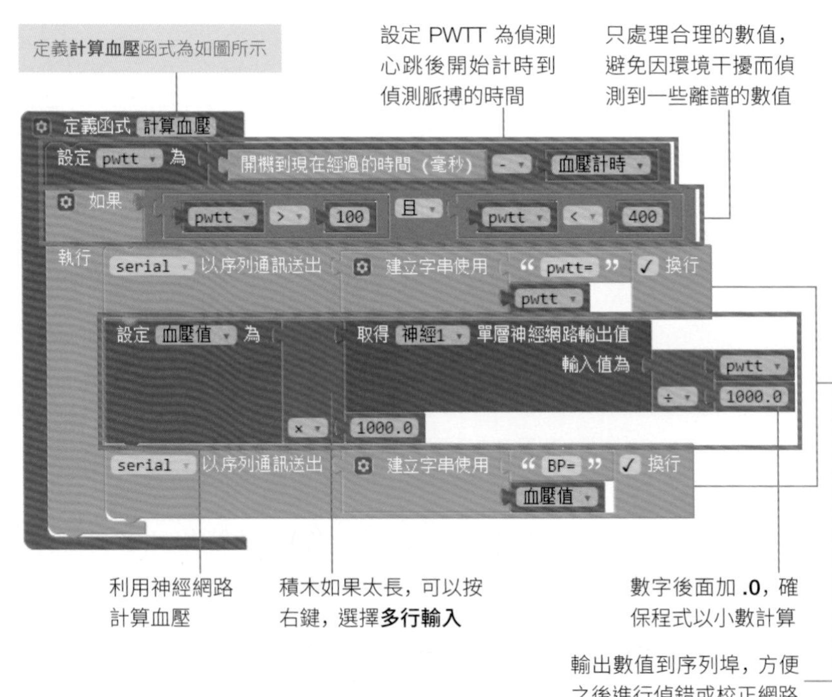

定義計算血壓函式為如圖所示
設定 PWTT 為偵測
心跳後開始計時到
偵測脈搏的時間
只處理合理的數值，
避免因環境干擾而偵
測到一些離譜的數值
定義函式 計算血壓
設定 pwtt 為 開機到現在經過的時間（毫秒） - 血壓計時
如果 pwtt > 100 且 pwtt < 400
執行 serial 以序列通訊送出 建立字串使用 " pwtt= " pwtt ✓ 換行
設定 血壓值 為 取得 神經1 單層神經網路輸出值
輸入值為 pwtt ÷ 1000.0
× 1000.0
serial 以序列通訊送出 建立字串使用 " BP= " 血壓值 ✓ 換行
利用神經網路
計算血壓
積木如果太長，可以按
右鍵，選擇多行輸入
數字後面加 .0，確
保程式以小數計算
輸出數值到序列埠，方便
之後進行偵錯或校正網路

4 設定主程式中的變數：

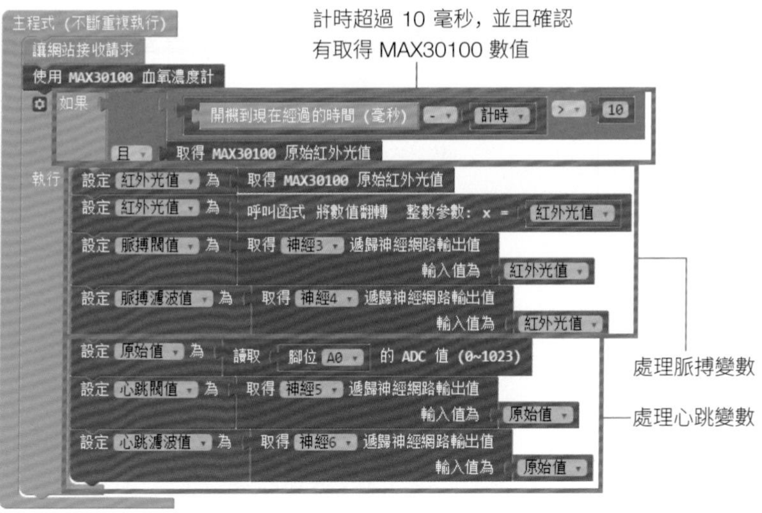
計時超過 10 毫秒，並且確認
有取得 MAX30100 數值
主程式 (不斷重複執行)
讀網站接收請求
使用 MAX30100 血氧濃度計
如果 開機到現在經過的時間 (毫秒) - 計時 > 10
且 取得 MAX30100 原始紅外光值
執行 設定 紅外光值 為 取得 MAX30100 原始紅外光值
設定 紅外光值 為 呼叫函式 將數值翻轉 整數參數: x = 紅外光值
設定 脈搏閥值 為 取得 神經3 遞歸神經網路輸出值 輸入值為 紅外光值
設定 脈搏濾波值 為 取得 神經4 遞歸神經網路輸出值 輸入值為 紅外光值
設定 原始值 為 讀取 腳位 A0 的 ADC 值 (0~1023)
設定 心跳閥值 為 取得 神經5 遞歸神經網路輸出值 輸入值為 原始值
設定 心跳濾波值 為 取得 神經6 遞歸神經網路輸出值 輸入值為 原始值
處理脈搏變數
處理心跳變數

5 取得 PWTT 並計算血壓：

1 先偵測心跳

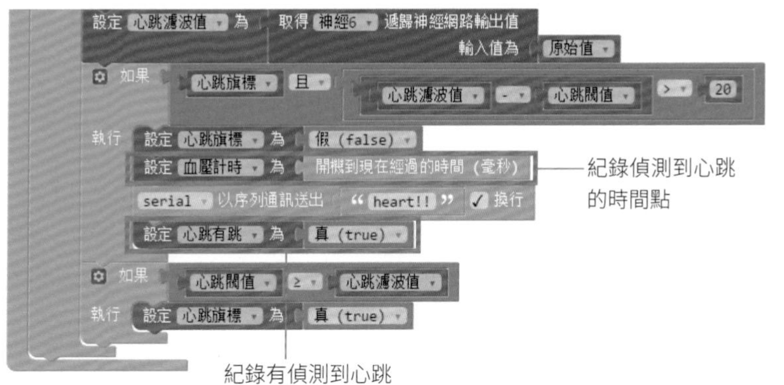
設定 心跳濾波值 為 取得 神經6 遞歸神經網路輸出值 輸入值為 原始值
如果 心跳旗標 且 心跳濾波值 - 心跳閥值 > 20
執行 設定 心跳旗標 為 假 (false)
設定 血壓計時 為 開機到現在經過的時間 (毫秒)
serial 以序列通訊送出 " heart!! " ✓ 換行
設定 心跳有跳 為 真 (true)
如果 心跳閥值 ≥ 心跳濾波值
執行 設定 心跳旗標 為 真 (true)
紀錄偵測到心跳
的時間點
紀錄有偵測到心跳

2 接著偵測脈搏

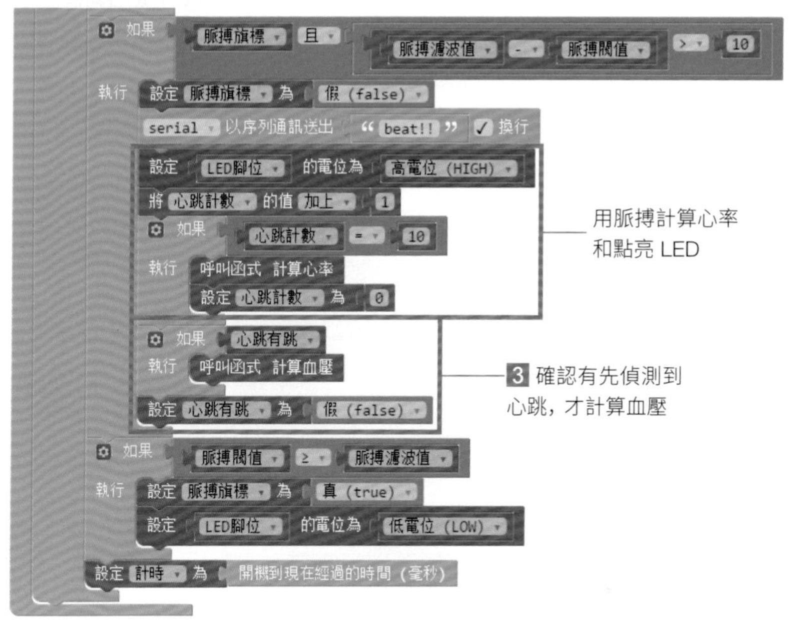
如果 脈搏旗標 且 脈搏濾波值 - 脈搏閥值 > 10
執行 設定 脈搏旗標 為 假 (false)
serial 以序列通訊送出 " beat!! " ✓ 換行
設定 LED腳位 的電位為 高電位 (HIGH)
將 心跳計數 的值 加上 1
如果 心跳計數 = 10
執行 呼叫函式 計算心率
設定 心跳計數 為 0
如果 心跳有跳
執行 呼叫函式 計算血壓
設定 心跳有跳 為 假 (false)
如果 脈搏閥值 ≥ 脈搏濾波值
執行 設定 脈搏旗標 為 真 (true)
設定 LED腳位 的電位為 低電位 (LOW)
設定 計時 為 開機到現在經過的時間 (毫秒)
用脈搏計算心率
和點亮 LED
3 確認有先偵測到
心跳，才計算血壓

6 上傳主網頁內容並儲存：

上傳網頁資料，選擇『FlagsBlock/www/ webpages_BP.h』檔。

完成後請按右上方的**儲存**鈕存檔為 Lab10。

實測

按右上方的 ▶ 鈕上傳程式後，請拿出手機或是電腦，嘗試連上程式中建立的 **measureurbp** 無線網路。

開啟瀏覽器，鍵入網址 "192.168.4.1"，將電極貼片黏貼在正確的部位，並用手指水平放置於 MAX30100 感測器和濾光片上，觀看 LED 是否有隨著心率閃爍，確認裝置運作正常之後，按網頁中的 ▷ 鈕，此時血壓和心率數值就會呈現在網頁上。

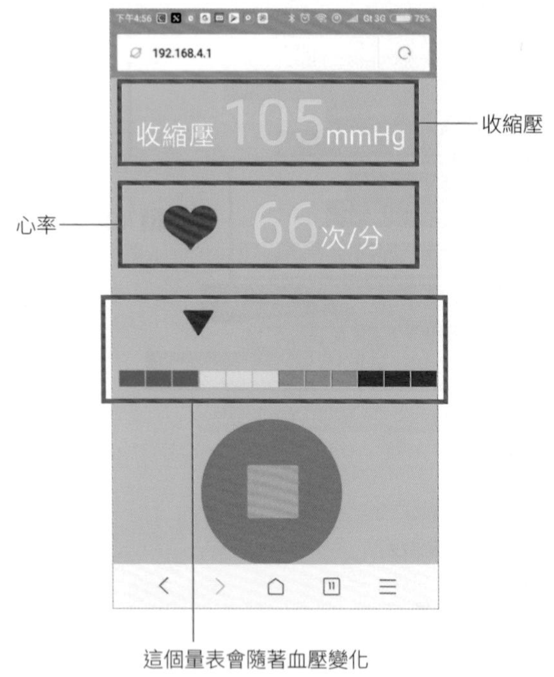

192.168.4.1
收縮壓 105mmHg
66次/分
收縮壓
心率
這個量表會隨著血壓變化

如果你覺得數值異常或不準確的話，可以開啟序列埠監控視窗來進行偵錯：

正常情況是一個 **heart!!** 接著一個 **beat!!**，
如果異常請移除附近干擾電源
COM18
傳送
beat!!
pwtt=240
BP=100
heart!!
beat!!
pwtt=219
BP=110
heart!!
beat!!
pwtt=240
BP=100
heart!!
beat!!
pwtt=219
BP=110
如果 LED 閃爍頻率
異常請調整手指位置
自動捲動
沒有行結尾
9600 baud
Clear output
如果認為量測的血壓不準確，可以記錄此 PWTT 值，並
使用真正的血壓計做對照，自行訓練神經網路的參數
如果沒有顯示這些數值，請參考第 5 章 p36 的錯誤排除

CHAPTER 10

冷 暖 智 知

體溫計

人體是恆溫動物，正常情況下我們的體溫會接近 37°C 上下，不會隨外界的溫度變化。如果體溫過低代表失溫，會有喪失意識，甚至死亡的風險。如果體溫過高，則有可能是發燒，通常是感冒或感染所造成的。這一章我們使用 AI 來打造一個即時的體溫計，讓我們能隨時監控體溫。

10-1 如何量測體溫

量測體溫的方法有很多種，常見的有水銀溫度計：使用物質熱脹冷縮的原理量測腋溫或肛溫；或是耳溫槍、額溫槍：使用紅外線接收器，量測紅外線波長，再將數值轉換為溫度。而本實驗要使用的是一個稱為 NTC **熱敏電阻**的元件，當環境溫度降低時，它的電阻值會提升，反之則降低，因此只要取得它的電阻值，就能換算成溫度。以下的實驗我們會將它放在腋下，用來量測腋溫。

熱敏電阻

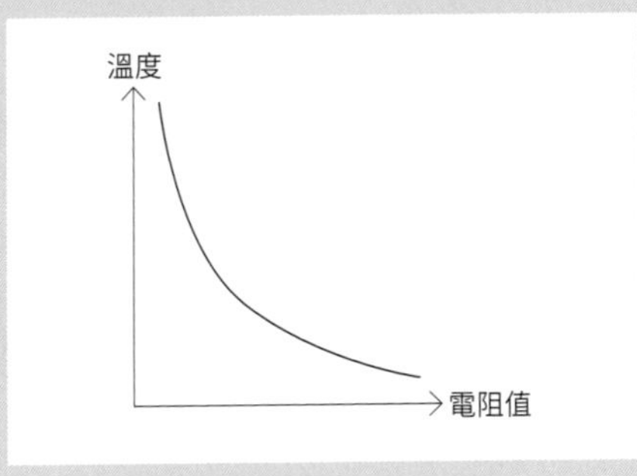
溫度
電阻值

▲ NTC 熱敏電阻的電阻值和溫度關係曲線

10-2 多層神經網路 - 深度學習

從右上圖中，我們可以得知會有一條方程式能用來表示熱敏電阻的電阻值和溫度關係，因此神經網路又能派上用場了，然而第六章我們使用的單層神經網路 - 感知器，卻無法解決這個問題，因為它只能解線性問題，無法解熱敏電阻溫度係數這種曲線關係的非線性問題：

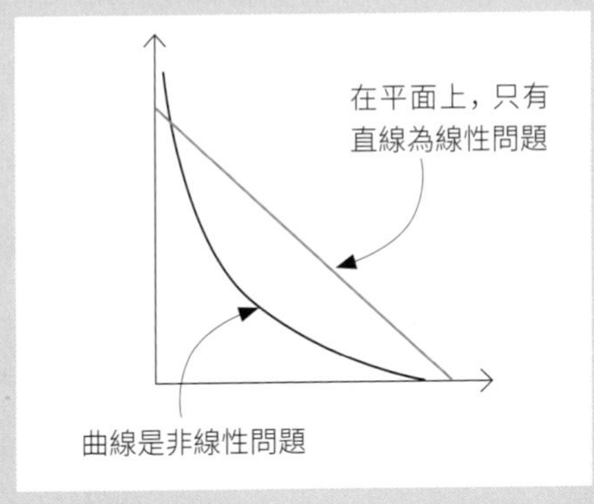
在平面上，只有
直線為線性問題
曲線是非線性問題

於是有學者提出了多層神經網路的架構，並導入了更多的啟動方程式，還完善了更新權重的方法，讓網路做出非線性的變化，能夠解決更多問題，這樣的網路就稱為**深度學習**，更接近人類大腦的構造。我們也將使用這個技術，藉由熱敏電阻來計算人的體溫。

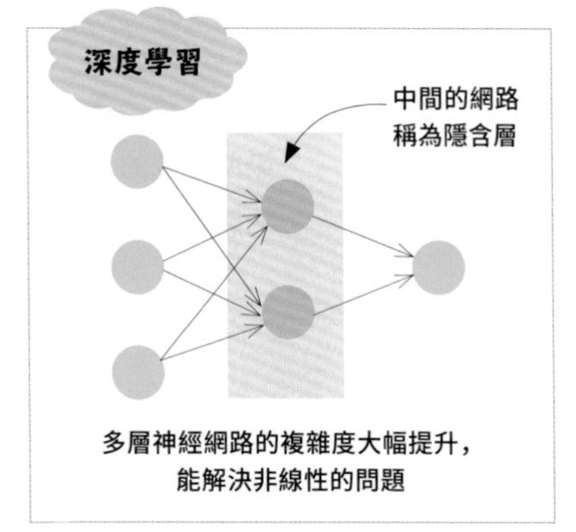
深度學習
中間的網路
稱為隱含層

多層神經網路的複雜度大幅提升，能解決非線性的問題

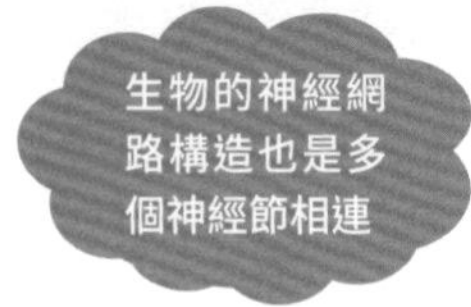
生物的神經網路構造也是多個神經節相連

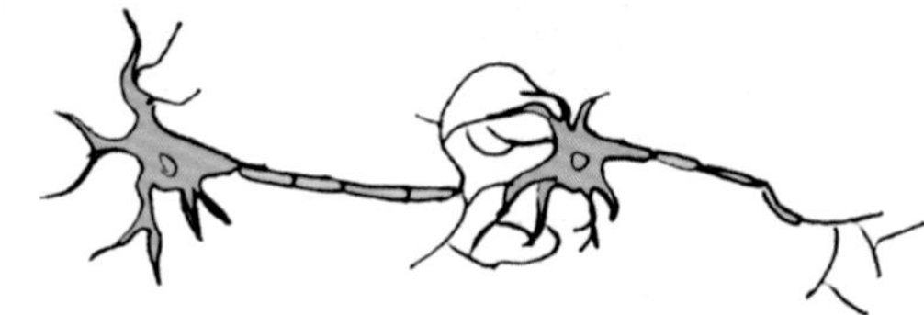

10-3 用 D1 mini 接收網頁的參數

之前的實驗，都是從 D1 mini 傳送數值到網頁，而這一章我們要用 D1 mini 接收網頁傳過來的參數。使用方式是在網址中指定的路徑後加上問號：

```
http：//192.168.4.1/learn?learndata=0.541, 0.2：0.657, 0.36
```

從問號之後的就是參數，由『參數名稱 = 參數內容』格式指定，本節的範例就會用網頁傳送名稱為 **learndata** 的參數來訓練神經網路。

在處理網站指令的函式中，可以使用以下積木來取得參數：

網站請求中含有 " " 參數？　網站請求中名稱為 " " 的參數

這兩個積木可以告訴我們是否有指定名稱的參數，也可以取得指定名稱參數的內容。

Lab11 深度學習即時體溫計

實驗目的	利用 NTC 熱敏電阻來製作即時體溫計，並使用網頁傳送訓練資料到 D1 mini，即時訓練和校正神經網路。
材料	• D1 mini　• 10KΩ 電阻 • 熱敏電阻　• 杜邦線若干

接線圖

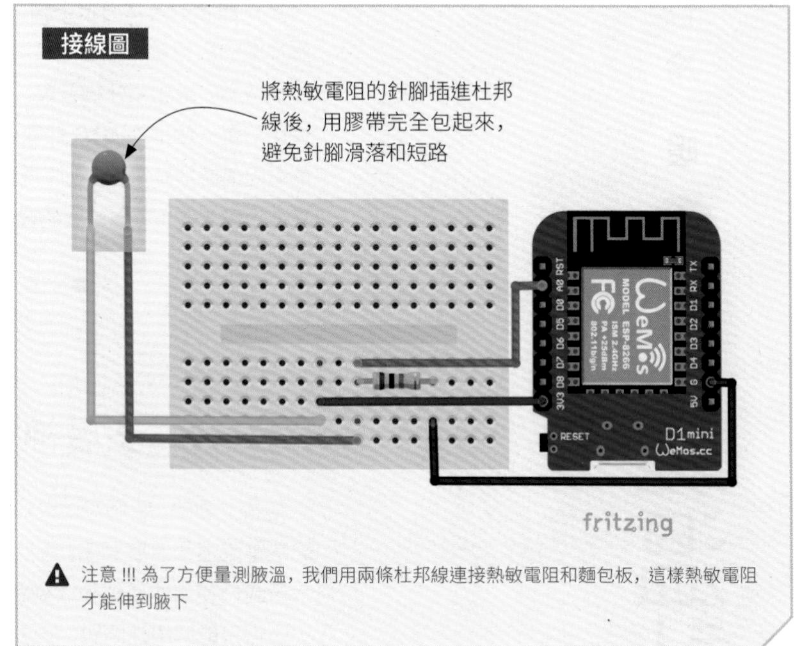
將熱敏電阻的針腳插進杜邦線後，用膠帶完全包起來，避免針腳滑落和短路
D1 mini
WeMos.cc
RESET
fritzing

⚠ 注意 !!! 為了方便量測腋溫，我們用兩條杜邦線連接熱敏電阻和麵包板，這樣熱敏電阻才能伸到腋下

設計原理

本實驗的電路設計原理和第 3 章一樣是分壓電路，只是將鋁箔紙改成熱敏電阻，這樣就能量測熱敏電阻的電阻值。

這次要使用的神經網路為雙層網路，架構如下：

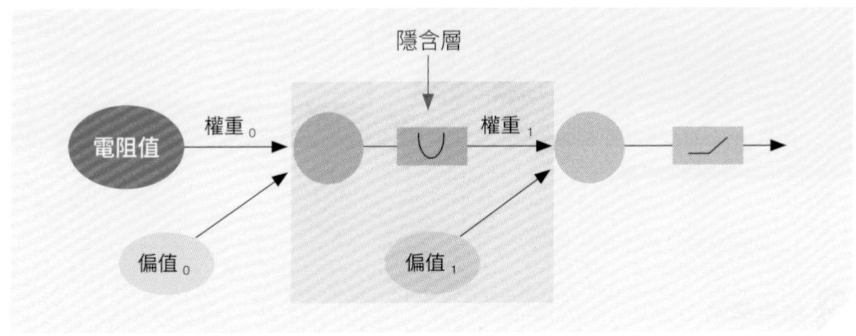

隱含層
電阻值
權重 0
權重 1
偏值 0
偏值 1

由於是雙層網路，因此權重、偏值和啟動方程式也都有 2 個，其中第一個啟動方程式為 **CrossIn**，這個方程式為**旗標公司**所創的，它會將神經節點的輸出值乘以最一開始的輸入值，第二個啟動方程式則為 **ReLu**，這樣設計的用意是為了增加非線性度。例如我們假設神經網路中每個神經節點的輸入和輸出都一樣，那麼：

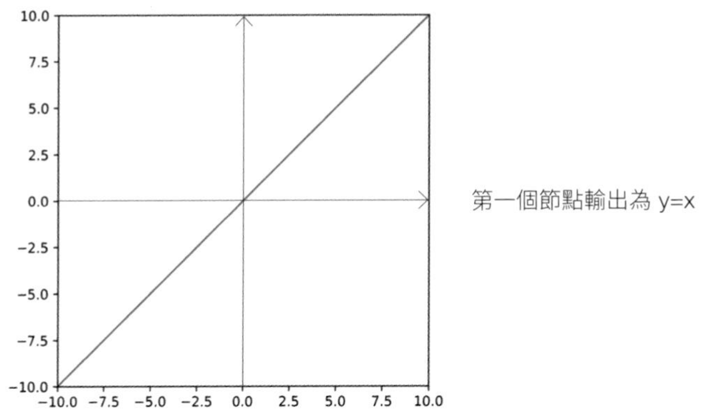

第一個節點輸出為 y=x

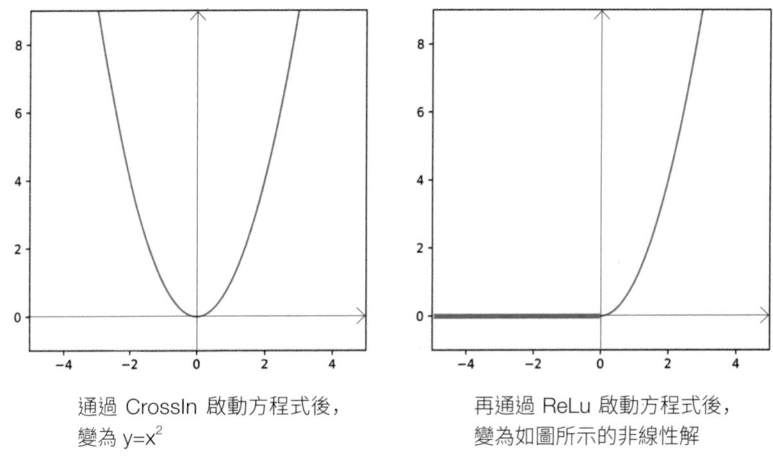

通過 CrossIn 啟動方程式後，變為 $y=x^2$

再通過 ReLu 啟動方程式後，變為如圖所示的非線性解

我們會使用以下的網頁來顯示當前體溫，並且可以透過網頁直接訓練神經網路：

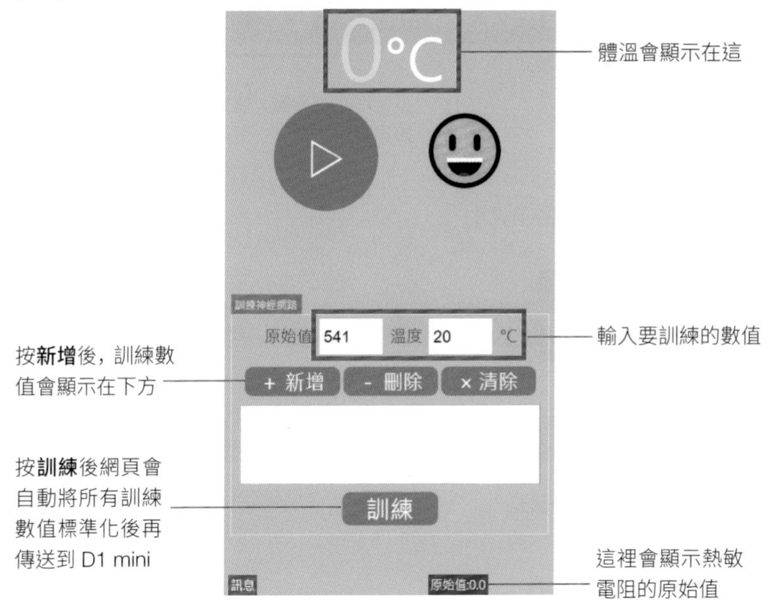

0°C
原始值 541
溫度 20
°C
+ 新增
- 刪除
x 清除
訓練
訊息
原始值:0.0

體溫會顯示在這

輸入要訓練的數值

按**新增**後，訓練數值會顯示在下方

按**訓練**後網頁會自動將所有訓練數值標準化後再傳送到 D1 mini

這裡會顯示熱敏電阻的原始值

接下來我們就來設計一個程式，讓 D1 mini 可以傳送熱敏電阻值、體溫值，並能接收網頁的訓練資料，進行神經網路的訓練。

設計程式

1 定義變數及神經網路：

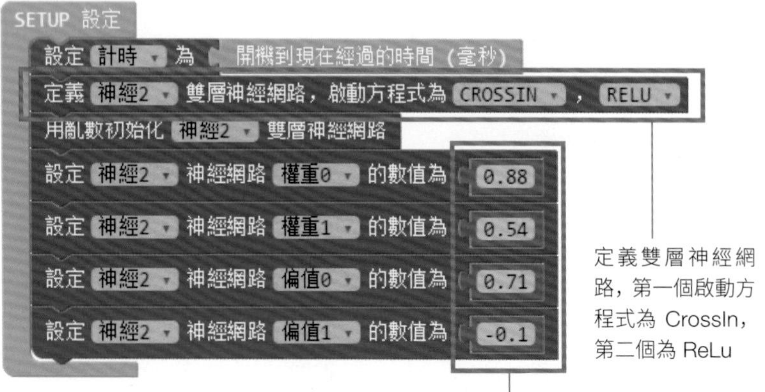

SETUP 設定
設定 計時 為 開機到現在經過的時間（毫秒）
定義 神經2 雙層神經網路，啟動方程式為 CROSSIN , RELU
用亂數初始化 神經2 雙層神經網路
設定 神經2 神經網路 權重0 的數值為 0.88
設定 神經2 神經網路 權重1 的數值為 0.54
設定 神經2 神經網路 偏值0 的數值為 0.71
設定 神經2 神經網路 偏值1 的數值為 -0.1
定義雙層神經網路，第一個啟動方程式為 CrossIn，第二個為 ReLu
設定網路的參數，這是筆者事先訓練好的，如果覺得不準確，可以在稍後進行訓練

2 設計處理網頁指令的函式：

定義函式 傳送原始值
讓網站傳回狀態碼： 200 MIME 格式： " text/plain " 內容： 原始值
定義函式 傳送體溫
讓網站傳回狀態碼： 200 MIME 格式： " text/plain " 內容： 體溫

▲ 定義這兩個傳送數值的函式

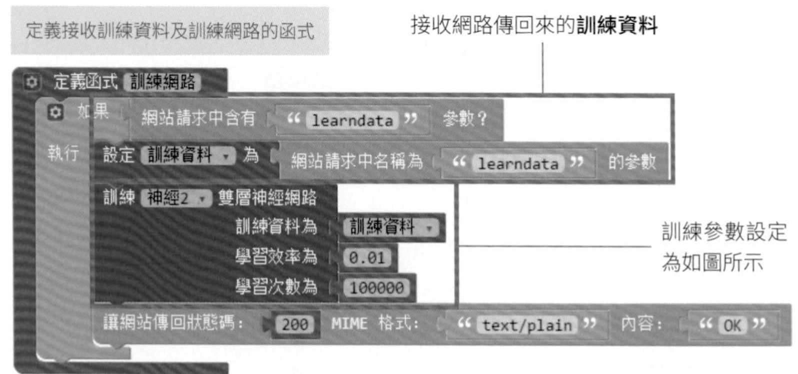

定義接收訓練資料及訓練網路的函式
接收網路傳回來的**訓練資料**
定義函式 訓練網路
如果 網站請求中含有 " learndata " 參數？
執行 設定 訓練資料 為 網站請求中名稱為 " learndata " 的參數
訓練 神經2 雙層神經網路
訓練資料為 訓練資料
學習效率為 0.01
學習次數為 100000
讓網站傳回狀態碼： 200 MIME 格式： " text/plain " 內容： " OK "
訓練參數設定為如圖所示

3 啟用網站：

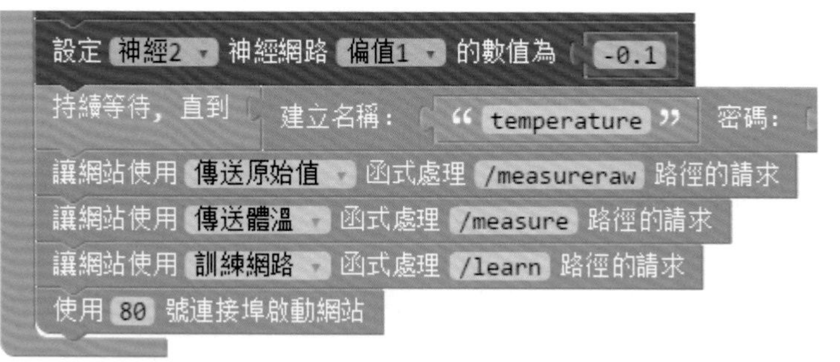

設定 神經2 神經網路 偏值1 的數值為 -0.1
持續等待，直到 建立名稱： " temperature " 密碼：
讓網站使用 傳送原始值 函式處理 /measureraw 路徑的請求
讓網站使用 傳送體溫 函式處理 /measure 路徑的請求
讓網站使用 訓練網路 函式處理 /learn 路徑的請求
使用 80 號連接埠啟動網站

▲ 在 **SETUP 設定**內設定為如圖所示以啟用網站

4 設計主程式：

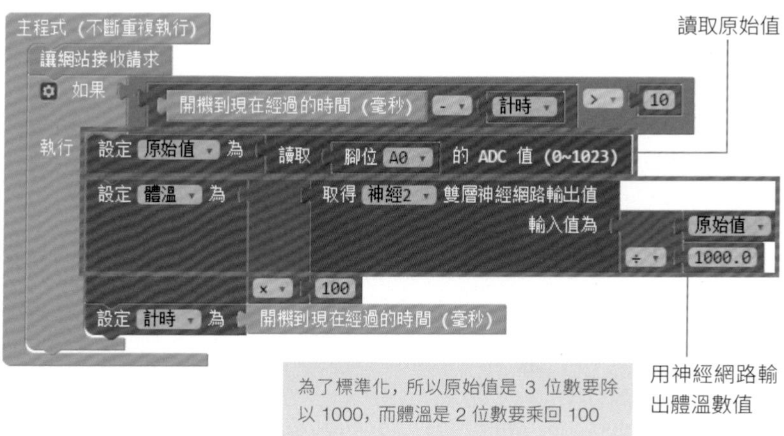
主程式 (不斷重複執行)
讓網站接收請求
如果
開機到現在經過的時間 (毫秒)
計時
10
執行
設定 原始值 為
讀取 腳位 A0 的 ADC 值 (0~1023)
設定 體溫 為
取得 神經2 雙層神經網路輸出值
輸入值為
原始值
1000.0
100
設定 計時 為 開機到現在經過的時間 (毫秒)
讀取原始值
為了標準化，所以原始值是 3 位數要除以 1000，而體溫是 2 位數要乘回 100
用神經網路輸出體溫數值

5 上傳主網頁內容並儲存：

上傳網頁資料，選擇『FlagsBlock/www/ webpages_webpages_temperature.h』檔。

完成後請按右上方的**儲存**鈕存檔為 Lab11。

實測

按右上方的 ▶ 鈕上傳程式後，請拿出手機或是電腦，嘗試連上程式中建立的 **temperature** 無線網路。

開啟瀏覽器，鍵入網址 "192.168.4.1"，將被膠帶包起來的熱敏電阻夾在腋下，等待約 1 分鐘讓熱敏電阻有時間反映溫度變化，按網頁中的 ▷ 鈕，此時體溫值和原始值就會顯示在網頁上：

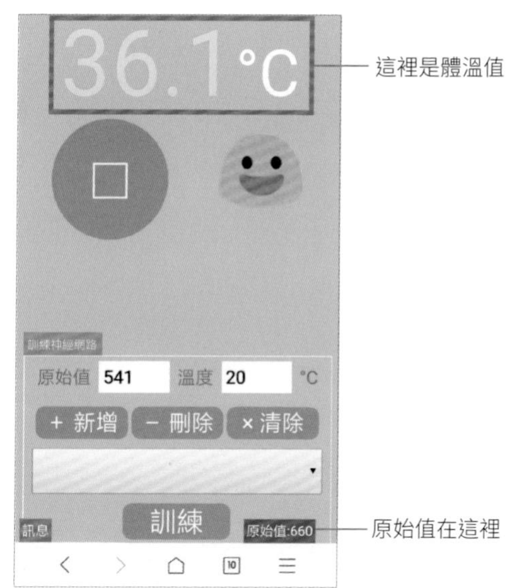
36.1°C
這裡是體溫值
訓練神經網路
原始值 541
溫度 20 °C
+ 新增
− 刪除
× 清除
訓練
訊息
原始值:660
原始值在這裡

以下為訓練神經網路的方法：

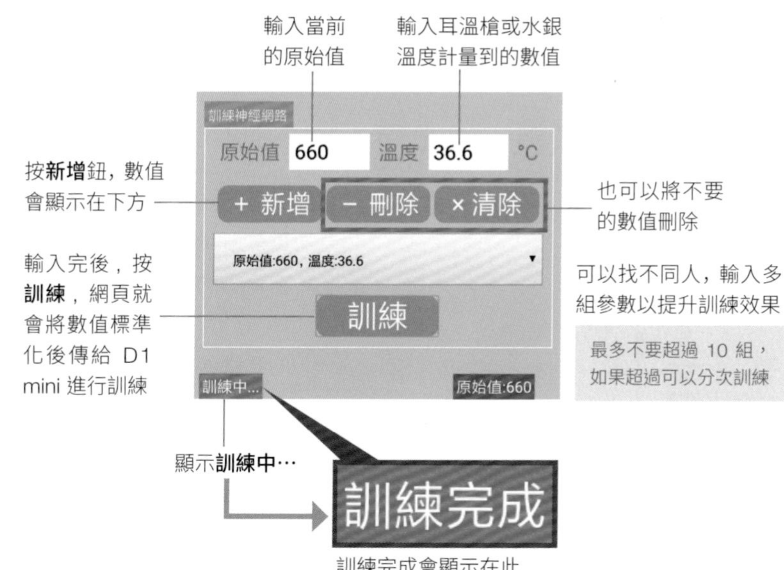
輸入當前的原始值
輸入耳溫槍或水銀溫度計量到的數值
訓練神經網路
原始值 660
溫度 36.6 °C
按新增鈕，數值會顯示在下方
+ 新增
− 刪除
× 清除
也可以將不要的數值刪除
原始值:660, 溫度:36.6
輸入完後，按訓練，網頁就會將數值標準化後傳給 D1 mini 進行訓練
訓練
可以找不同人，輸入多組參數以提升訓練效果
最多不要超過 10 組，如果超過可以分次訓練
訓練中...
原始值:660
顯示訓練中…
訓練完成
訓練完成會顯示在此

11

CHAPTER 11

深呼吸

呼吸計

呼吸是我們每天都在做的事，它不僅能由呼吸中樞神經系統自主控制，也能由我們的大腦控制。它是生命徵象之一，人一旦停止呼吸，在短短幾分鐘內，就會造成大腦缺氧及損傷，因此這看似平常的動作，可是有維持你我生命的重要性。

11-1 呼吸訊號

正常人 1 分鐘呼吸約 12~20 次，這稱為呼吸頻率。如果我們用儀器量測呼吸頻率，並轉換為訊號就稱為**呼吸訊號 (respiration，簡稱 RSP)**，量測 RSP 的主要目的為確認呼吸是否正常，檢測有沒有呼吸急促或異常緩慢等症狀。

⚠ 請注意！本實驗假設室溫為低於 37°C 的環境，若室溫在等於或高於 37°C 的特殊情況下，將無法進行實驗

以下我們將使用前一章的熱敏電阻，放置於口鼻附近來進行溫度量測，再轉換為 RSP 訊號。

11-2 如何量測 RSP

量測呼吸訊號有很多種方法，可以直接連接口鼻取得壓力變化，也能用儀器偵測胸腔起伏來間接量測。本實驗使用的方法是溫度變化法，由於人體的溫度恆為 37°C，會與室溫產生溫差，因此只要量測口鼻附近的氣體溫度變化，就能取得 RSP 訊號。

Lab12

智慧呼吸監測器

實驗目的	利用熱敏電阻來量測口鼻的溫度變化，轉換成 RSP 後，再將訊號及呼吸頻率傳送至網頁。
材料	• D1 mini • 熱敏電阻 • 10KΩ 電阻 • LED • 220 Ω 電阻 • 杜邦線若干

接線圖

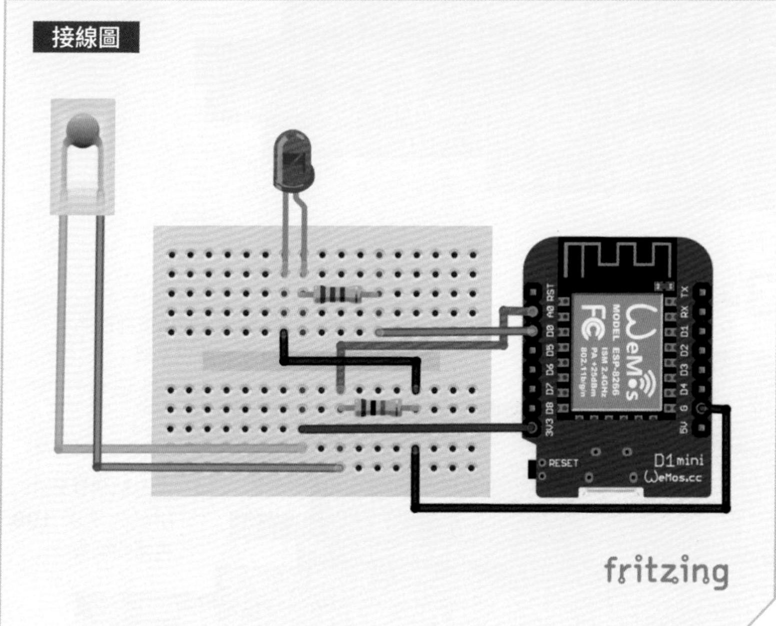
fritzing

設計原理

本實驗的接線方法與上一章幾乎一樣，只是再加上 LED，來顯示呼吸的狀況。

計算呼吸頻率的方法和心率非常類似，一樣使用兩個 RNN，一個遞歸權重為 0.9，當作動態閥值，另一個為 0.2，當作濾波 RSP。由於呼吸頻率比較慢，所以我們每呼吸 3 次就計算一次，並將訊號和呼吸頻率傳送至類似的網頁：

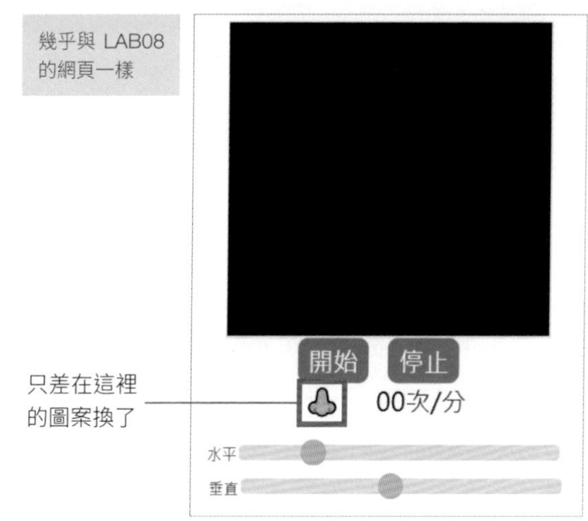
幾乎與 LAB08
的網頁一樣
開始
停止
00次/分
水平
垂直
只差在這裡
的圖案換了

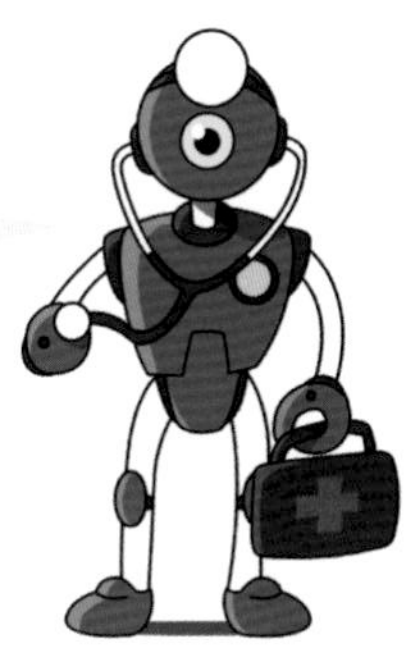

這是我的最後一個任務啦！

設計程式

本實驗的設計方式與 LAB08 相似，所以請開啟 Lab08 專案來進行修改。

1 自訂函式需要修改處：

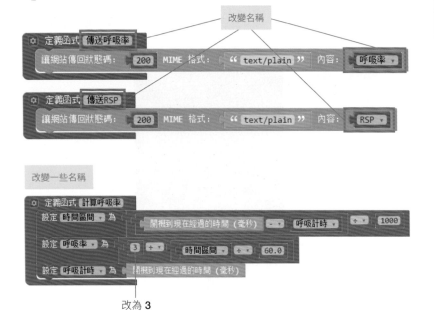

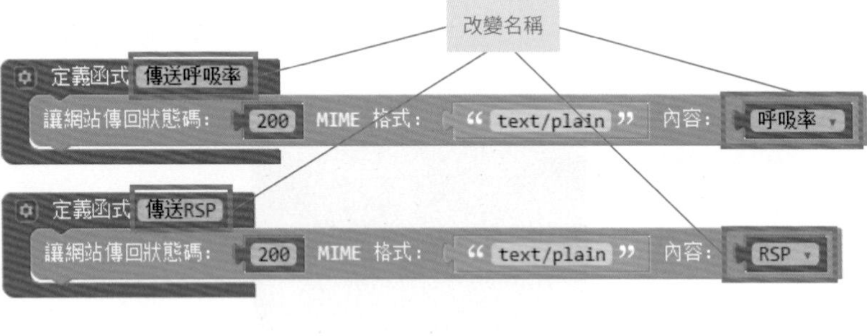
改變名稱
定義函式 傳送呼吸率
讓網站傳回狀態碼： 200 MIME 格式： “ text/plain ” 內容： 呼吸率
定義函式 傳送RSP
讓網站傳回狀態碼： 200 MIME 格式： “ text/plain ” 內容： RSP

改變一些名稱

定義函式 計算呼吸率
設定 時間區間 為 開機到現在經過的時間（毫秒） - 呼吸計時 ÷ 1000
設定 呼吸率 為 3 ÷ 時間區間 ÷ 60.0
設定 呼吸計時 為 開機到現在經過的時間（毫秒）

改為 **3**

將數值翻轉函式不需要更改。

2 **SETUP 設定**區需要修改處：

修改一些名稱

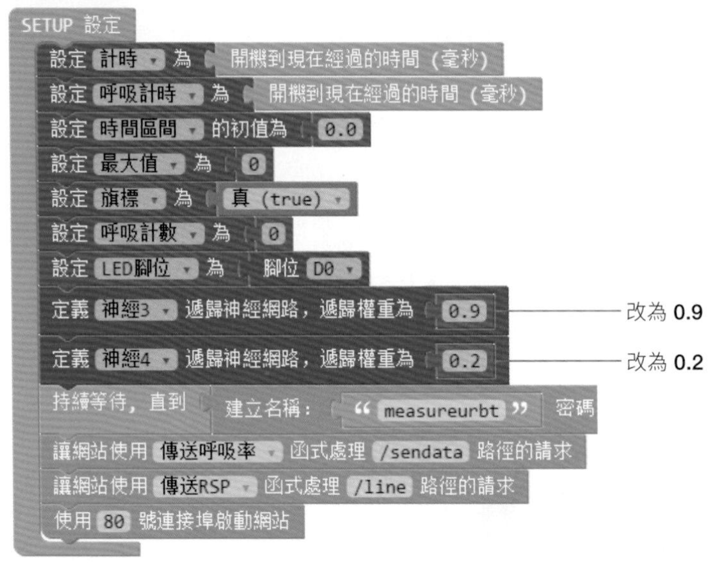
SETUP 設定
設定 計時 為 開機到現在經過的時間（毫秒）
設定 呼吸計時 為 開機到現在經過的時間（毫秒）
設定 時間區間 的初值為 0.0
設定 最大值 為 0
設定 旗標 為 真（true）
設定 呼吸計數 為 0
設定 LED腳位 為 腳位 D0
定義 神經3 遞歸神經網路，遞歸權重為 0.9
定義 神經4 遞歸神經網路，遞歸權重為 0.2
持續等待，直到 建立名稱： “ measureurbt ” 密碼
讓網站使用 傳送呼吸率 函式處理 /sendata 路徑的請求
讓網站使用 傳送RSP 函式處理 /line 路徑的請求
使用 80 號連接埠啟動網站
改為 0.9
改為 0.2

3 **主程式**區需要修改處：

因為呼吸頻率比較慢，所以這裡改為 **300**，兩個 RNN 才會產生差異

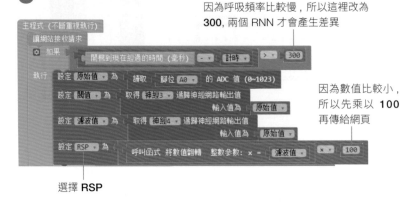

主程式（不斷重複執行）
讓網站接收請求
如果 開機到現在經過的時間（毫秒） - 計時 > 300
執行 設定 原始值 為 讀取 腳位 A0 的 ADC 值（0~1023）
設定 閾值 為 取得 神經3 遞歸神經網路輸出值 輸入值為 原始值
設定 濾波值 為 取得 神經4 遞歸神經網路輸出值 輸入值為 原始值
設定 RSP 為 呼叫函式 將數值翻轉 整數參數：x = 濾波值 × 100

因為數值比較小，所以先乘以 **100** 再傳給網頁

選擇 **RSP**

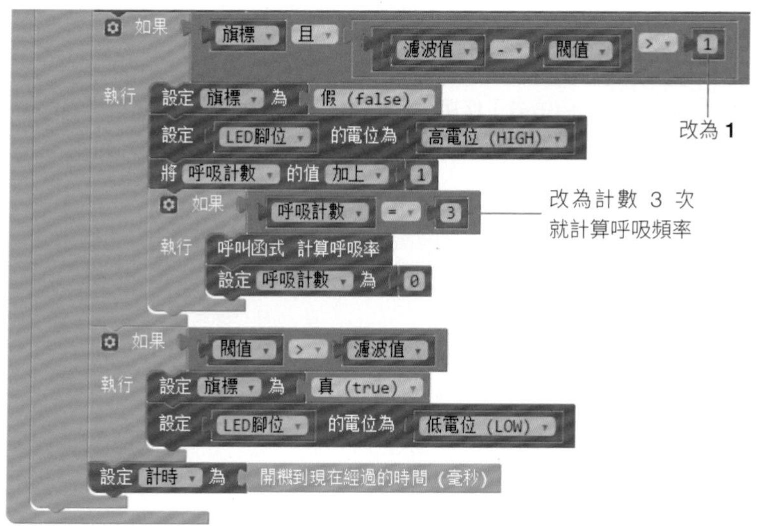
如果 旗標 且 濾波值 - 閾值 > 1
執行 設定 旗標 為 假 (false)
設定 LED腳位 的電位為 高電位 (HIGH)
將 呼吸計數 的值 加上 1
如果 呼吸計數 = 3
執行 呼叫函式 計算呼吸率
設定 呼吸計數 為 0
如果 閾值 > 濾波值
執行 設定 旗標 為 真 (true)
設定 LED腳位 的電位為 低電位 (LOW)
設定 計時 為 開機到現在經過的時間 (毫秒)
改為 1
改為計數 3 次
就計算呼吸頻率

4 上傳主網頁內容並儲存：

上傳網頁資料，選擇『FlagsBlock/www/ webpages_BT.h』檔。完成後請另存新檔為 Lab12。

實測

按右上方的 ▶ 鈕上傳程式後，請拿出手機或是電腦，嘗試連上程式中建立的 **measureurbt** 無線網路。

開啟瀏覽器，鍵入網址 "192.168.4.1"，手持杜邦線讓熱敏電阻貼在鼻孔下方，保持正常呼吸，並按網頁中的**開始**鈕，此時就會看到 RSP 波形呈現在視窗上。

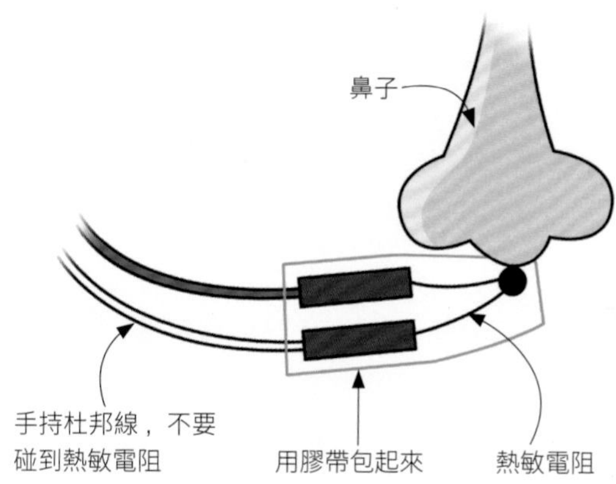
鼻子
手持杜邦線，不要
碰到熱敏電阻
用膠帶包起來
熱敏電阻

▲ 操作示意圖

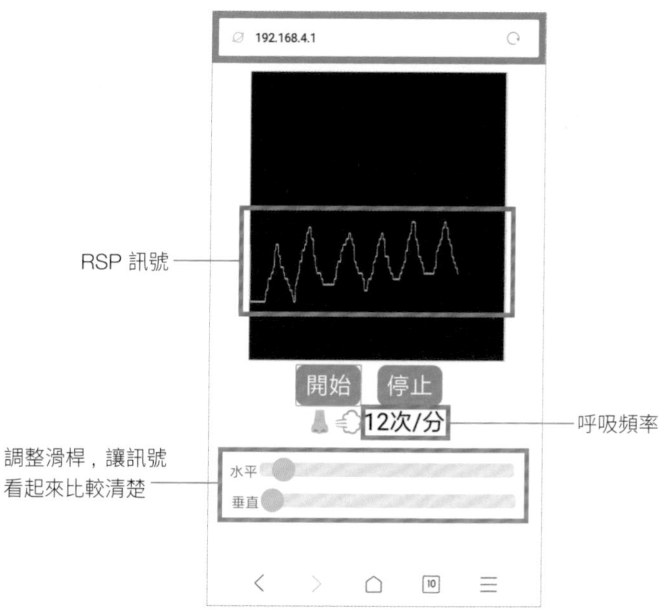
192.168.4.1
RSP 訊號
開始
停止
12次/分
呼吸頻率
調整滑桿，讓訊號
看起來比較清楚
水平
垂直

MEMO

記得到旗標創客・
自造者工作坊
粉絲專頁按『讚』

1. 建議您到「旗標創客・自造者工作坊」粉絲專頁按讚，有關旗標創客最新商品訊息、展示影片、旗標創客展覽活動或課程等相關資訊，都會在該粉絲專頁刊登一手消息。

2. 對於產品本身硬體組裝、實驗手冊內容、實驗程序、或是範例檔案下載等相關內容有不清楚的地方，都可以到粉絲專頁留下訊息，會有專業工程師為您服務。

3. 如果您沒有使用臉書，也可以到旗標網站 (www.flag.com.tw)，點選首頁的 讀者服務 後，再點選 讀者留言版，依照留言板上的表單留下聯絡資料，並註明書名、書號、頁次及問題內容等資料，即會轉由專業工程師處理。

4. 有關旗標創客產品或是其他出版品，也歡迎到旗標購物網 (www.flag.com.tw/shop) 直接選購，不用出門也能長知識喔！

5. 大量訂購請洽

學生團體　訂購專線：(02)2396-3257 轉 362
　　　　　傳真專線：(02)2321-2545

經銷商　服務專線：(02)2396-3257 轉 331
　　　　將派專人拜訪
　　　　傳真專線：(02)2321-2545

國家圖書館出版品預行編目資料

FLAG'S創客.自造者工作坊：
AI生醫感測健康大應用 / 施威銘研究室 作
臺北市：旗標, 2018.06　面；　公分

ISBN 978-986-312-540-2(平裝)

1.微電腦 2.電腦程式語言 3.人工智慧

471.516　　107008648

作　者／施威銘研究室

發 行 所／旗標科技股份有限公司

台北市杭州南路一段15-1號19樓

電　話／(02)2396-3257(代表號)

傳　真／(02)2321-2545

劃撥帳號／1332727-9

帳　戶／旗標科技股份有限公司

監　督／黃昕暐

執行企劃／汪紹軒

執行編輯／汪紹軒

美術編輯／薛詩盈・薛榮貴

封面設計／古鴻杰

校　對／黃昕暐・汪紹軒

行政院新聞局核准登記-局版台業字第 4512 號

ISBN 978-986-312-540-2